中等职业教育课程改革创新示范精品教材

电冰箱、空调器安装与维护

主　编　谭家政　毛臣健
副主编　黄昌伟　李利佳　韩婷婷

北京理工大学出版社
BEIJING INSTITUTE OF TECHNOLOGY PRESS

内 容 简 介

本书根据中等职业学校电子电器应用与维修专业电冰箱、空调器原理与维护教学的基本要求编写，同时参考了相关行业的职业技能鉴定规范和制冷设备维修等级考核标准。本书以工作任务为导向，以作业任务为主线，着力提升学生的动手操作技能。

本书为职业教育项目式教学教材，共四个项目，内容包括家用电冰箱，家用空调器，组装电冰箱、空调器制冷系统，双温冷柜的安装调试与检修。主要学习制冷系统管道的加工、焊接技术、电气控制系统的连接及故障排除，结合国家技能大赛指定制冷制热设备的安装调试项目进行指导。

本书可供中等职业学校电子电器应用与维修、制冷和空调设备运行与维修相关专业及相关职业培训教学、技能鉴定使用，也可供相关行业初、中级制冷工自学使用。

版权专有 侵权必究

图书在版编目（CIP）数据

电冰箱、空调器安装与维护 / 谭家政，毛臣健主编
. -- 北京：北京理工大学出版社，2022.6
 ISBN 978-7-5763-1348-2

Ⅰ.①电… Ⅱ.①谭…②毛… Ⅲ.①冰箱 – 安装 – 中等专业学校 – 教材②空气调节器 – 安装 – 中等专业学校 – 教材③冰箱 – 维修 – 中等专业学校 – 教材④空气调节器 – 维修 – 中等专业学校 – 教材 Ⅳ.①TM925

中国版本图书馆 CIP 数据核字（2022）第 088383 号

出版发行 / 北京理工大学出版社有限责任公司	
社　　址 / 北京市海淀区中关村南大街 5 号	
邮　　编 / 100081	
电　　话 /（010）68914775（总编室）	
（010）82562903（教材售后服务热线）	
（010）68944723（其他图书服务热线）	
网　　址 / http://www.bitpress.com.cn	
经　　销 / 全国各地新华书店	
印　　刷 / 定州市新华印刷有限公司	
开　　本 / 889 毫米 × 1194 毫米　1/16	
印　　张 / 10.5	责任编辑 / 陆世立
字　　数 / 210 千字	文案编辑 / 陆世立
版　　次 / 2022 年 6 月第 1 版　2022 年 6 月第 1 次印刷	责任校对 / 周瑞红
定　　价 / 39.00 元	责任印制 / 边心超

图书出现印装质量问题，请拨打售后服务热线，本社负责调换

前言

在我国职业教育改革发展走上提质培优、增值赋能的快车道的背景下,职业教育的面貌发生了格局性变化,传统的教材和教学方法已经濒临淘汰。以往的教材多重于电冰箱、空调器原理的阐述,弱化了安装、检测与维修部分,本书编写以国务院颁布的《国家职业教育改革实施方案》为指导思想,更贴近生产生活实际,轻理论重实践,同时增添了思政内容。本书紧紧围绕"以就业为导向,以能力为本位,以学生为主体"的职业教育理念,全面贯彻落实"立德树人"的根本任务,把知识、技能传授与思想政治教育有机结合起来,实现育人目标,同时着眼于学生职业生涯发展,注重安全教育与职业素养的培养。本书由长期担任电类专业课教学、经验丰富的一线教学骨干和一流中职院校教授及企业高级工程师共同编写。

本书有以下特色:

(1)采用理实一体化模式,突出以实践为主体、以学生为中心、以培养综合职业能力为目标的职业教育理念,"做中学、做中教",教、学、做有机结合。

(2)按照职业岗位需求,注重新知识、新技术、新工艺和新方法的介绍,引入职业岗位标准,培养学生的职业素养。

(3)针对中职学生的特点,对接职业岗位标准,教材内容贴近生产、生活实际,教材中知识以实用、够用为度,易学易懂。

(4)采用项目任务驱动的呈现模式,实现理论与实践、知识与技能、情感态度与价值观的有机融合,适合中职学生的认知特点。

(5)以项目、任务、案例等为载体组织教学单元,体现模块化、系列化,内容排列由简到繁,由易到难,梯度明晰,序化分明,思想新颖,交互性强。

(6)教学内容表现科学规范,图、文、表配合得当,生动形象,趣味性强,直观鲜明,符合中职学生的心理和生理特点。

(7)增加了国家技能大赛指定的制冷制热设备的安装调试项目内容,实现了"岗课赛"融通,突出了技能行业规范。

(8)用"做一做"来训练学生的综合知识技能,用"想一想"来搭建师生互动平台,用"检测与评价"来综合评价学生知识、技能的掌握情况,用"自评"来增强学生的自信心,用

"互评"来实现学生间的相互学习，用"教师评价"来发现学生存在的问题，让师生共同感悟学习的快乐。

本书由谭家政、毛臣健担任主编，负责全书的统稿、审稿及部分章节编写工作。项目一和项目三由重庆市江南职业学校谭家政、李利佳编写，项目二由重庆市江南职业学校黄昌伟、韩婷婷编写，项目四由重庆工业职业技术学院毛臣健编写。

由于编者水平有限，加之编写时间仓促，书中疏漏之处在所难免，恳请广大专家、读者批评指正。

目录

项目一　家用电冰箱　　1

　　任务一　认识与选用电冰箱　　1

　　任务二　拆装电冰箱　　8

　　任务三　判断电冰箱的故障　　18

　　任务四　检修电冰箱制冷系统故障　　24

　　任务五　检修电冰箱电气控制系统故障　　32

项目二　家用空调器　　42

　　任务一　认识与选用空调器　　43

　　任务二　拆卸空调器　　55

　　任务三　安装空调器　　64

　　任务四　判断空调器的故障　　74

　　任务五　检修空调器制冷系统故障　　81

　　任务六　检修空调器电气控制系统故障　　94

项目三　组装电冰箱、空调器制冷系统　　104

　　任务一　认识、检测制冷系统部件　　105

　　任务二　组装制冷系统　　124

项目四　双温冷柜的安装调试与检修 …………………………………………… 141

　　任务一　认识双温冷柜制冷系统和主要零部件 ………………………… 142

　　任务二　安装系统管道 ………………………………………………… 146

　　任务三　运行并调试系统 ……………………………………………… 155

参 考 文 献 ………………………………………………………………………… 161

项目一
家用电冰箱

随着人们生活水平的不断提高，电冰箱已经普及，成为普通家庭必不可少的家用电器。为满足人们对电冰箱的应用需求，市场需要大量生产、安装、调试和维修电冰箱的专业技术人员。因此，学习电冰箱的安装与维修是很有必要的。

学习目标

1. 了解电冰箱的基本结构，理解电冰箱的基本原理。
2. 掌握家用电冰箱拆装、维修的安全操作规范。
3. 掌握电冰箱的维修方法，会判断电冰箱的常见故障，会检修电冰箱制冷系统及电气控制系统故障。
4. 用联系的观点分析制冷系统整体性能和部件之间的关系，在制冷产品不断完善的过程中，领会其中蕴含的认识与实践的辩证关系原理，培养学生科学精神。
5. 结合新发展理念（创新、协调、绿色、开放、共享），开展电冰箱产品创新设计，激发学生为更好满足人民美好生活需要而努力学习的使命担当。

任务一 认识与选用电冰箱

走进电器商店，形形色色、大大小小的电冰箱让人眼花缭乱，我们怎么去认识这些电冰箱？又怎么选用它们呢？今天我们就到制冷制热实训中心（或者电器商场）去看一看，走进电冰箱的知识殿堂，共同完成认识与选用电冰箱这一任务。

一、任务描述

本任务要求先从外形、结构认识电冰箱，并通过电冰箱上的各种标志了解电冰箱的基本参数，再从众多电冰箱中选用适合的电冰箱。本任务预计用时45min，其作业流程见图1.1.1。

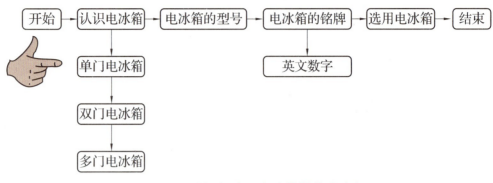

图1.1.1　认识与选用电冰箱的作业流程

二、任务目标

1）能够根据电冰箱的外形和内部特征区分电冰箱的种类。

2）能够根据实际需求选用电冰箱。

三、作业进程

1. 认识电冰箱

电冰箱从结构上可以分为单门电冰箱、双门电冰箱、多门电冰箱，你能认出它们吗？请看下面的电冰箱。

1）认识单门电冰箱，见图1.1.2。

外形特征：外形是一个立方体，其正面只有一道门。

内部特征：打开电冰箱门，其中有温度较低（0℃~10℃）的冷藏室（一般起保鲜作用），还有温度很低（-18℃）的冷冻室，要长时间保存的食品最好放冷冻室中。

2）认识双门电冰箱，见图1.1.3。

外形特征：外形是一个立方体，其正面从上到下有两道门。

内部特征：打开电冰箱上门，其中有温度较低（0℃~10℃）的冷藏室（一般存放水果等）。打开电冰箱下门，其中有温度很低的冷冻室（一般存放肉类等）。

图1.1.2　单门电冰箱

图1.1.3　双门电冰箱

3）认识多门电冰箱，如三门电冰箱，见图1.1.4。

外形特征：外形是一个立方体，其正面从上到下一般有三道门。

内部特征：打开电冰箱上门，其中有温度较低的冷藏室（一般存放水果等）。打开电冰箱中门（中门内温度比冰冻室略高，在0℃左右）和下门，其中有温度较低的冷冻室（一般存放肉类等）。

图1.1.4　多门电冰箱

友情提示

电冰箱的种类很多，一般按其功能、外形、制冷方法、冷却形式、放置状态及制冷等级进行分类。

【想一想】你家的电冰箱是哪种呢？

2. 电冰箱的型号

按照我国《家用和类似用途制冷器具》（GB/T 8059—2016）规定，家用电冰箱的型号表示方法见图1.1.5。

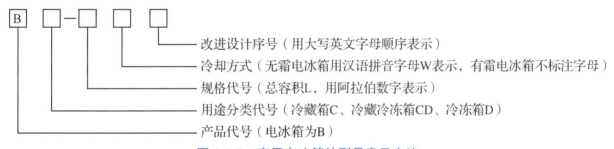

图1.1.5　家用电冰箱的型号表示方法

- 改进设计序号（用大写英文字母顺序表示）
- 冷却方式（无霜电冰箱用汉语拼音字母W表示，有霜电冰箱不标注字母）
- 规格代号（总容积L，用阿拉伯数字表示）
- 用途分类代号（冷藏箱C、冷藏冷冻箱CD、冷冻箱D）
- 产品代号（电冰箱为B）

例如，BCD-198WB是指有效容积为198L的冷藏冷冻无霜电冰箱，并且经过了第二次改进。

【想一想】你家的电冰箱是什么型号呢？

3. 电冰箱的铭牌

电冰箱的后壁上方均有铭牌和电路图。其中，铭牌上一般标有产品牌号、名称、型号、总有效容积（L）、额定电压（V）、额定电流（A）、额定频率（Hz）、输入功率（W）、耗电量[（kW·h）/24h]、制冷剂名称及注入量（g）、冷冻能力（kg/24h）、厂商名称、制造日期及编号、气候类型和防触电保护类型、质量等。

（1）电冰箱星级表示的温度等级

电冰箱星级表示的温度等级见表1.1.1。

表 1.1.1　电冰箱星级表示的温度等级

星级	符号	冷冻室温度 /℃	冷冻室食品储藏期
一星级	*	不高于 –6	1 周
二星级	**	不高于 –12	4 周
三星级	***	不高于 –18	12 周
四星级	****	不高于 –24	24~32 周

（2）电冰箱冷藏室的温度要求

电冰箱所处地区不同，外界温度也不同，因此不同的地区冷藏室温度有不同的体现，具体见表 1.1.2。

表 1.1.2　不同气候类型下电冰箱冷藏室的温度

类型	温度 /℃
亚温带型（SN）	–1~10
温带型（N）	0~10
亚热带型（ST）	0~14
热带型（T）	0~14

【想一想】每一台电冰箱都有铭牌，那么铭牌对我们有什么帮助呢？

4. 选用电冰箱

国内外电冰箱的生产企业比较多，在选购电冰箱时要根据自己的实际需求选择电冰箱的品牌。对于同种品牌、同种型号的电冰箱，应该根据"看""试""听""摸"4 个步骤来选择。

1）看：即看箱门是否方正、有无变形；看各个部件是否有外伤和变形；看焊口是否有油迹或脱焊现象；看箱体内照明灯是否在开门时亮起，在关门时灯灭。

2）试：手拉电冰箱门要施加一定的拉力才能打开，关门时箱门靠近门框就会因磁性条的吸力而自动关闭。用纸片插入门缝任何一处，纸片不滑落，说明磁性门封闭较好。

3）听：即听运行噪声，一般应不高于 45dB。也就是说，在安静的环境中，距离电冰箱 1m 远处不能听到其运行的声音。

4）摸：电冰箱启动后，压缩机和冷凝器应发热，吸气管发凉；运行 20min 后，打开箱门，蒸发器上应结均匀的薄霜，用手蘸水摸发热器四周，手有被粘住的感觉。

购买电冰箱时，不要认为电冰箱功能越多越好，也不要认为电冰箱越省电越好，更不要认

项目一　家用电冰箱

为无氟电冰箱就是最好的。业内人士指出,市场上关于电冰箱存在不切实际的宣传,如"绿色电冰箱""环保电冰箱""节能电冰箱"等,很容易使消费者步入误区。电冰箱的作用是食品保鲜,我们在选择电冰箱时要紧紧围绕这一主题,这样选择的电冰箱才会令人满意。

【做一做】与同学或朋友到电器商场,看一看今天的电冰箱有哪些种类?你看上了哪一款?应该怎样选择?

四、技能测评

在学习完"认识与选用电冰箱"这一任务后,你掌握了哪些知识和技能?请按照表1.1.3的要求进行评价。

表1.1.3　认识与选用电冰箱评价表

序号	项目	测评要求	配分	评价标准	自评	互评	教师评价	平均得分
1	认识电冰箱	1. 能根据电冰箱外形、结构说出电冰箱的种类; 2. 能说出BCD-158WB的含义; 3. 能看懂电冰箱的铭牌	50	1. 未能根据电冰箱外形、结构说出电冰箱的种类,扣15分; 2. 未能说出BCD-158WB的含义,扣20分; 3. 不能看懂电冰箱的铭牌,扣15分				
2	选用电冰箱	1. 能判断箱门、部件、焊口、箱体内照明灯是否正常; 2. 能去试箱门的拉力、吸力; 3. 能听运行噪声是否超出45dB; 4. 会摸电冰箱运行时的发热、发凉、薄霜	50	1. 未能判断箱门、部件、焊口、箱体内照明灯是否正常,扣20分; 2. 未能去试箱门的拉力、吸力,扣10分; 3. 不能听出运行噪声是否超出45dB,扣10分; 4. 不会摸电冰箱运行时的发热、发凉、薄霜,扣10分				
安全文明操作			违反安全文明操作(视其情况进行扣分)					
额定时间			每超过5min扣5分					
开始时间		结束时间		实际时间		成绩		
综合评价意见								
评价教师				日期				
自评学生				互评学生				

五、知识广角镜

1. 电冰箱的分类

电冰箱的种类繁多，按照制冷形式可以分为蒸气压缩式电冰箱、吸收—扩散式电冰箱（简称吸收式电冰箱）及半导体电冰箱等；按箱体外形可分为立式电冰箱、卧式电冰箱、茶几式电冰箱及炊具组合式电冰箱等；按箱门形式可分为单门电冰箱、双门电冰箱、多门电冰箱。

（1）蒸气压缩式电冰箱

蒸气压缩式电冰箱按制冷方式，可分为直接冷却式和间接冷却式两种。

1）直接冷却式电冰箱，分直接冷却式双门电冰箱和直接冷却式单门电冰箱。国产的双门冰箱大多为直接冷却式双门双温电冰箱。它是让冷气以自然对流方式冷却食品，蒸发器一般直接安装在上部的冷冻室，在下部的冷藏室内另有一个小的蒸发器，或者将冷冻室的冷气分一部分进入冷藏室，冷藏室借助冷冻室送来的冷气进行食品冷藏。

2）间接冷却式电冰箱的蒸发器多数位于冷冻室和冷藏室的夹层，在箱内看不到蒸发器，只能看到一些风孔。夹层内有一个微型电风扇将冷气吹出，达到制冷效果。这种电冰箱有自动除霜装置，因此又称无霜电冰箱。间接冷却式双门电冰箱与直接冷却式双门双温电冰箱的主要区别是，这类电冰箱只有一个翅片管式蒸发器，并且其一般有两个温度控制器，一个用来控制冷冻室温度，另一个用来控制冷藏室温度。

（2）吸收式电冰箱

吸收式电冰箱的构造与蒸气压缩式电冰箱类似，也分为箱体、制冷系统和控制系统3个部分。家用吸收式电冰箱可以采用各种热源作为动力，如天然气、油、煤气、太阳能等。因此，这种电冰箱都装有气、电两用的加热装置，该装置由燃烧器、自动点火装置、温度控制器组成。燃烧器中带有安全装置，当燃烧器的火焰熄灭时，感受火焰温度的热电偶可自动断开燃气通路，以确保安全。在制冷系统中充有3种物质，即制冷剂氨、吸收剂水、扩散剂氢或氦。

（3）半导体电冰箱

半导体电冰箱与蒸气压缩式电冰箱的主要区别是制冷系统不同。半导体电冰箱利用半导体温差电现象，形成温差而实现制冷。其优点是体积小、质量小、可靠性高。因为半导体电冰箱无机械传动装置，所以其无噪声、无磨损、操作简单、维修方便；又因它不用制冷剂，故无制冷剂泄漏和污染等问题。

半导体电冰箱可以弥补蒸气压缩式电冰箱的不足。在一般情况下，制冷温度也比较低，它已经引起人们的重视，成为电冰箱新的发展方向。

2. 电冰箱的性能参数

（1）电冰箱的冷却速度

电冰箱的冷却速度是其重要性能参数，是冷藏室和冷冻室在出厂时的一项必检项目，按照国家标准《家用和类似用途制冷器具》（GB/T 8059—2016）的规定，冷藏室、冷冻室进行冷却能力试验时，在环境温度下，室内不加任何负荷，电冰箱连续运行，当各间室的温度同时达到表 1.1.4 的规定时，所需时间不超过 3h。

表 1.1.4 各间室的温度标准

气候类型	环境温度 /℃	冷藏室 t_1、t_2、t_3/℃	冷藏室 t_m/℃ (max)	冷冻室及三星级的间室 t_{fm}/℃	二星级部分 t_{fm}/℃	冷冻室 t_{fm}/℃
SN	10	$-1 \leq t_1 t_2 t_3 \leq 10$	7	≤ -18	≤ -12	$8 \leq t_{fm} \leq 14$
SN	32					
N	16	$0 \leq t_1 t_2 t_3 \leq 10$	5			
N	32					
ST	16	$0 \leq t_1 t_2 t_3 \leq 12$	7			
ST	38					
T	16					
T	43					

（2）电冰箱的制冰时间

根据国家标准《家用和类似用途制冷器具》(GB/T 8059—2016) 的规定，制冰能力试验时，在环境温度下，电冰箱达到稳定运行状态后，将按表 1.1.5 中规定温度的水量充入离冰盒顶部 5mm 处，然后迅速将充水的冰盒放到冷冻食品储藏室或制冰室内，冰盒中的水应在 2h 内完全结成冰。

表 1.1.5 制冰能力试验数据表

气候类型	环境温度 /℃	冷藏室温度 t_m/℃	制冰用水的温度 /℃	制冰用水量
SN、N	32	$0 \leq t_m \leq 5$ $t_1 t_2 t_3 \geq 0$	20 ± 1	按制造厂提供的冰盒
ST	38			
T	43		30 ± 1	

六、检测与评价

1. 判断题（每题 10 分，共 50 分）

（1）电冰箱星级是按冰箱内冷藏室或冷冻室的温度来划分的。　　　　　　　　（　）

（2）半导体电冰箱与蒸气压缩式电冰箱的主要区别是制冷系统相同。　　　　　（　）

（3）用纸片插入门缝任何一处，纸片不滑落，说明磁性门封闭较好。　　　　　（　）

（4）间接冷却式电冰箱的蒸发器多数位于冷冻室和冷藏室的夹层之间，在箱内看不到蒸发器，只能看到一些风孔。　　　　　　　　　　　　　　　　　　　　　　　　　（　）

(5)电冰箱运行噪声,一般应不高于60dB。 (   )

2. 填空题(每题10分,共50分)

(1)根据国家标准 GB/T 8059—2016 规定:亚温带型电冰箱用符号_____表示,温带型电冰箱用符号_____表示,亚热带型电冰箱用符号_____表示,热带型电冰箱用符号_____表示。

(2)家用电冰箱由_____、_____、_____和_____4部分组成。

(3)半导体式电冰箱的优点是_____、_____、_____。

(4)电冰箱按箱门形式可分为_____、_____、_____和_____。

(5)蒸气压缩式冰箱按制冷方式可分为_____和_____两种。

任务二　拆装电冰箱

在制冷设备的生产和维修过程中,常常需要安装和更换元器件,这就要求我们必须熟悉电冰箱的构造,能够正确拆装电冰箱,这样才能保证电冰箱生产和维修的质量。

一、任务描述

本任务是将电冰箱制冷系统的主要部件(如压缩机、毛细管、干燥过滤器、冷凝器等)及电气控制系统的主要部件(如门控开关、温度控制器等)进行拆装。通过完成这一任务,达到学会正确拆装电冰箱主要部件的目的。完成这一任务需要走进实训室,拆装电冰箱。本任务预计用时90min,作业流程见图1.2.1。

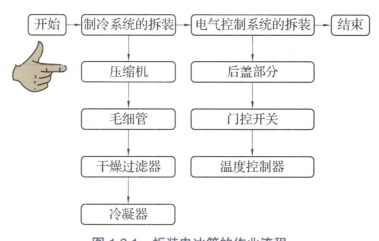

图1.2.1　拆装电冰箱的作业流程

二、任务目标

1)会正确拆装电冰箱的制冷系统和电气控制系统。

2)了解电冰箱的结构。

三、作业进程

对电冰箱进行拆装，主要锻炼学生的实际操作能力，掌握不同部件的拆装方法，为今后维修和生产电冰箱打下坚实的基础。

1. 制冷系统的拆装

（1）拆装压缩机

在电冰箱维修过程中，有时需要更换压缩机，或者更换压缩机中的冷冻油，这些操作均需对压缩机进行拆卸。压缩机的正确拆卸方法分三步完成，见图1.2.2。

压缩机的拆卸步骤如下。

第一步：拆下压缩机的供电电路部件，如过载保护器、启动器及连接线，见图1.2.2（a）。

第二步：用割管器断开工艺维修管，放掉制冷剂，在钳子帮助下用焊枪取下工艺管上增加的铜管，见图1.2.2（b）。

第三步：用焊枪断开高、低压管与压缩机的连接，见图1.2.2（c）。拆下压缩机的机座螺母和减振胶垫即可将压缩机卸下。

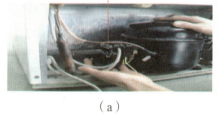
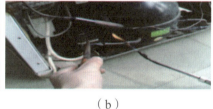
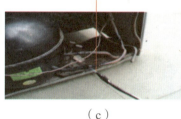

（a）　　　　　　　　　　（b）　　　　　　　　　　（c）

图1.2.2　拆卸压缩机

友情提示

1）在拆卸压缩机时，必须先做好第二步才能做第三步。

2）在拆卸压缩机时，不要伤及压缩机的3根接线柱，焊裂焊堵压缩机的3根管子，严禁污物、粉尘、金属颗粒等掉进压缩机内。

压缩机的安装步骤如下。

第一步：寻找可代替的压缩机（根据电冰箱铭牌标志找到与故障压缩机型号、规格和制冷剂型号等参数相同的压缩机）。

第二步：对压缩机进行安装并固定。

第三步：对压缩机吸气口与蒸发器排气口重新进行焊接。

第四步：对压缩机排气口与冷凝器进气口重新进行焊接。

（2）拆装毛细管和干燥过滤器

在电冰箱的维修过程中，要排除堵的故障，常常需要更换毛细管和干燥过滤器。拆卸毛细管和干燥过滤器需要3步才能完成，见图1.2.3。

毛细管和干燥过滤器的拆卸步骤如下。

第一步：在系统没有制冷剂的前提下，先折断毛细管；若系统内有制冷剂，则需要先将制冷剂放掉，见图 1.2.3（a）。

第二步：焊下干燥过滤器的输入管，可以用电焊、气焊、锡焊，这里多用气焊，见图 1.2.3（b）。

第三步：用焊枪对毛细管与干燥过滤器的接口进行加热，再用钳子让干燥过滤器与毛细管分开、取下，见图 1.2.3（c）。

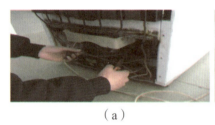 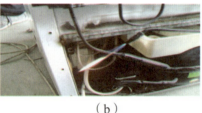 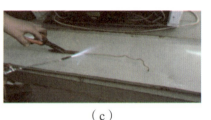

(a)　　　　　　　　　　　　(b)　　　　　　　　　　　　(c)

图 1.2.3　拆卸毛细管和干燥过滤器

友情提示

1）拆卸过程中，要注意防止焊料过多或杂质进入管道而造成堵塞。

2）在分开毛细管与干燥过滤器时，一定要平放，不能立放，否则可能导致焊料流入管内造成堵塞。

3）拆下毛细管后，若毛细管损坏，则要将取下的毛细管拉直，并测量长度，做好记录，以便更换同管径、同长度的毛细管。

毛细管的安装步骤如下。

第一步：寻找与原毛细管相同内径、长度的新管。

第二步：将新的毛细管与干燥过滤器入口焊接好。

第三步：将毛细管与蒸发器出口焊接好。

干燥过滤器的安装步骤如下。

第一步：将新的干燥过滤器焊接到冷凝器管路上。

第二步：将毛细管与干燥过滤器焊接好。毛细管插入过滤器的深度要适当，若插入过深，会触到过滤网，形成半堵塞，影响制冷；若插入过浅，焊料会流入毛细管内，造成端部堵塞。

（3）拆装冷凝器

在电冰箱维修过程中，往往需要更换冷凝器，正确的拆卸是保证维修质量的关键。拆卸冷凝器可以分两步完成，见图 1.2.4。

冷凝器的拆卸步骤如下。

第一步：在放掉制冷剂的前提下，用焊枪将冷凝器的输入和输出端管子接口分开，见图 1.2.4（a）。

第二步：用螺钉旋具拆下电冰箱背板上固定冷凝器的螺钉，取下冷凝器，见图 1.2.4（b）。

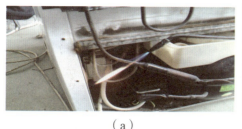 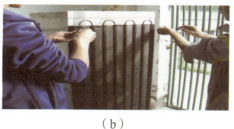

（a） （b）

图 1.2.4 拆卸冷凝器

友情提示

1）由于大部分冷凝器是铁管，故在焊接时不应损坏管口，管子不能堵塞或有裂缝。

2）拆下的螺钉一定要注意收捡，防止丢失。

3）部分冷凝器为内置式，在拆卸时需要开背处理，这里不再详述。

冷凝器的安装步骤如下。

第一步：寻找与原冷凝器同型号、同规格的新冷凝器。

第二步：固定新冷凝器在电冰箱体上，并固定好传感器。

第三步：将新冷凝器的进气口与压缩机的排气口进行焊接。

第四步：将新冷凝器的出气口与干燥过滤器较粗的一端进行焊接。

2. 电气控制系统的拆装

（1）电冰箱后盖部分的拆卸

1）拆卸压缩机的电气固定部件。压缩机的电气固定部件的正确拆卸方法分3步完成，见图1.2.5。

压缩机的电气固定部件包括后盖、压缩机电路部分保护外壳和接线端子板等。拆卸步骤如下。

第一步：用螺钉旋具卸下后盖部分的螺钉，取下后盖，见图1.2.5（a）。

第二步：先压下卡扣，用螺钉旋具向外挑起卡扣，使其与壳体脱离；然后将保护外壳往外推，使其离开壳体，取下压缩机电路部分保护外壳，见图1.2.5（b）。

第三步：先用螺钉旋具将连接地线的螺钉取下，然后用手将连接PTC启动器和过载保护器的引线拔下来，见图1.2.5（c）。

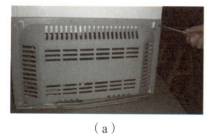  

（a） （b） （c）

图 1.2.5 拆卸电气固定部件

友情提示

在拆卸过程中不要损坏附件,拆卸的附件要分类放置,做好标记,不要将附件张冠李戴,更不要丢失。

2)拆卸电气部件,见图 1.2.6。

拆卸附件的目的就是要拆卸电气部件,电气部件的拆卸步骤如下。

第一步:过载保护器的拆卸。先拔掉接线头,再将过载保护器向外拔,见图 1.2.6(a)。

第二步:PTC 元件的拆卸。先拔掉接线头,再将 PTC 元件向外拔,见图 1.2.6(b)。

第三步:运转电容的拆卸。在接线端子板拆下线头,即可将整个运转电容取出,见图 1.2.6(c)。

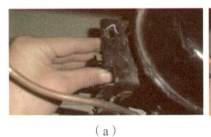 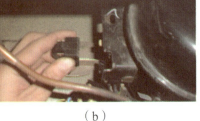 

(a)　　　　　　　　　　(b)　　　　　　　　　　(c)

图 1.2.6　拆卸电气部件

友情提示

过载保护器和 PTC 元件在从压缩机绕组外接端子上拔出时要用力,但同时要注意方向;运转电容的接线头在拆卸时要记清位置,做好标记。

(2)门控开关的拆卸

门控开关位于电冰箱冷藏室右侧,见图 1.2.7。

拆卸门控开关时,先用螺钉旋具撬起门控开关,然后将其取出即可。

图 1.2.7　门控开关的拆卸

友情提示

门控电路主要由门控灯和门控开关组成,开关触点处于常开状态。当门打开时,开关闭合,灯亮;当门闭合时,开关断开,灯灭。

用螺钉旋具撬起门控开关时,不要对电冰箱塑料外壳造成损伤。

(3) 拆卸温度控制器

电冰箱顶部主要由照明灯、辅助加热开关和温度控制开关组成，见图 1.2.8。拆卸温度控制器之前，要将顶部拆卸，见图 1.2.8。

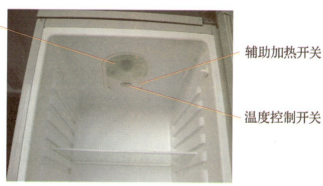

图 1.2.8 冰箱顶部

温度控制器的拆卸步骤如下。

第一步：用手小心向外扳动照明灯外罩卡扣处，取下照明灯外罩，见图 1.2.9（a）。

第二步：用螺钉旋具卸下用于固定冰箱顶板的螺钉，见图 1.2.9（b）。

第三步：取下包含温度控制器和辅助加热开关的冰箱顶板，见图 1.2.9（c）。

第四步：拔掉接线头后，用螺钉旋具将温度控制器左边按扣与卡子脱离，再将温度控制器右边按扣与卡子脱离，即可卸下温度控制器，见图 1.2.9（d）。

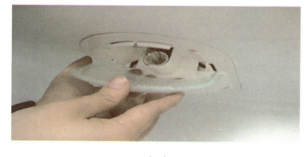

（a）

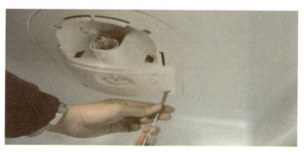

（b）

（c）

（d）

图 1.2.9 拆卸温度控制器

友情提示

在拆卸温度控制器时，要控制好力度，不要损坏起固定作用的塑料卡子。

电气部件的安装顺序与拆卸顺序恰好相反，按照与上述拆卸每一个电气部件相反的顺序安装即可。

通过前面的学习，大家学会拆装电冰箱了吗？下面就来试着做一做吧！

【做一做】在学会电冰箱制冷系统和电气控制系统的拆装后，去实践操作一次，检测一下自己的技术水平和操作能力吧。

四、技能测评

在学习完"拆装电冰箱"这一任务后，你掌握了哪些知识和技能？请按照表 1.2.1 的要求进行评价。

表 1.2.1 拆装电冰箱评价表

序号	项目	测评要求	配分	评分标准	自评	互评	教师评价	平均得分
1	制冷系统的拆装	正确拆装制冷系统	20	制冷系统组装不正确，扣 20 分				
2	电气控制系统的拆装	1. 正确判别压缩机电动机 3 接线端；2. 正确检测启动和保护继电器	60	1. 不能判别压缩机电动机 3 接线端，扣 30 分；2. 检测启动和保护继电器错误，扣 30 分				
3	继电器装插和压缩机试运行	1. 继电器装插；2. 连接电源线，对压缩机电动机进行试运行	20	1. 继电器装插错误，扣 10 分；2. 电源线连接错误，扣 10 分				
安全文明操作		违反安全文明操作规程（视实际情况进行扣分）						
额定时间		每超过 5min 扣 5 分						
开始时间		结束时间		实际时间		成绩		
综合评价意见								
评价教师				日期				
自评学生				互评学生				

五、知识广角镜

1. 电冰箱的箱体结构

电冰箱的箱体由外壳、内胆、隔热材料及门体等构成。

（1）外壳

外壳一般采用0.5~0.8mm厚的优质钢板制成，经过磷化处理，表面喷涂丙烯酸漆或环氧树脂涂料。也有的外壳采用硬质装饰性塑料板和塑料型材拼装而成，取消了喷漆处理，实现了箱体结构全塑料化。

（2）内胆

内胆一般采用工程塑料ABS板或抗冲击聚苯乙烯板制成，一般采用真空成型，生产效率高，耐腐蚀性好。也有的内胆由优质钢板、防锈铝板或不锈钢板制成。钢板内壳经过搪瓷处理或喷涂高级涂料，具有强度高、耐摩擦、抗腐蚀等优点，缺点是生产效率低，制造成本高，一般电冰箱较少采用。不锈钢内壳多用于高级厨房用电冰箱。

（3）隔热材料

隔热材料位于箱体的内胆和外壳之间，常用的有聚氨酯泡沫塑料、玻璃棉毡和聚苯乙烯泡沫塑料等。硬质聚氨酯泡沫塑料采用现场注入发泡工艺，便于机械化生产，注入泡沫塑料后，可使内壳与外壳粘接成一体，提高了结构强度。这种隔热材料不吸水，绝热性能好，质量小，应用比较广泛。

（4）门体

门体主要由门外壳、门内胆、隔热材料和磁性门封条组成。门外壳采用优质薄钢板制成，也有采用塑料挤出型材做成框式结构的。门内胆的材料和工艺与箱体相同，只是材料厚度可以稍薄些。门内胆上设有瓶架和蛋架。门外壳和门内胆之间注入聚氨酯硬质泡沫塑料。门内侧四周镶有磁性密封条，当门体和箱体接近关闭时，能自动吸合严密。磁性门封条采用软质聚氯乙烯制作，在中间有塑料磁性条，利用磁力作用，保证箱门与箱体形成一个良好的密封面。若磁性门封条出现污垢或在外磁场作用下失去磁性，则会出现密封不严，进而导致电冰箱失去保温作用。

2. 电冰箱的典型制冷系统

（1）直接冷却式单门电冰箱的制冷系统

1）组成。直接冷却式单门电冰箱的制冷系统主要由压缩机、冷凝器、蒸发器、毛细管、干燥过滤器等组成，见图1.2.10。

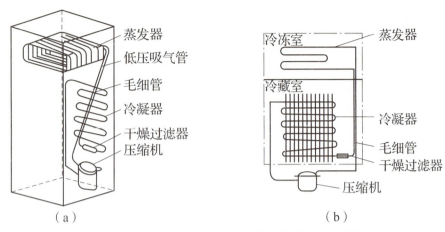

图 1.2.10　直接冷却式单门电冰箱的制冷系统
（a）管路系统；（b）制冷系统原理

2）特点。系统中只设有一个蒸发器，而且一般吊装在箱内上部。蒸发器内容积用于储藏冻结食品，作冷冻室用。箱内下部冷藏室不装设任何冷却装置，冷冻室和冷藏室的热量传递靠自然对流方式进行。冷冻室的温度最低约为 –6℃，冷藏部分的温度一般控制在 0℃~10℃。压缩机位于箱体外后下部，冷凝器安装在箱体外背部，毛细管与吸气管并行，以满足热交换的需要。

（2）直接冷却式双门双温电冰箱的制冷系统

1）组成。直接冷却式双门双温电冰箱的制冷系统主要由压缩机、冷凝器（4个）、蒸发器、毛细管（2根）、干燥过滤器等组成，见图 1.2.11。

2）工作过程。直接冷却式双门双温电冰箱的制冷系统工作过程为：从冷凝器出来的制冷剂，先经过第一毛细管降压后，进入冷藏室蒸发器部分蒸发，然后流经第二毛细管，再进入冷冻室蒸发器。此时，因蒸发器压力更低，所以蒸发温度更低，从而获得更低的温度。采用双毛细管节流，可使高温蒸发器和低温蒸发器的压力分别保持在所要求的范围内，从而达到两个不同的室温效果。

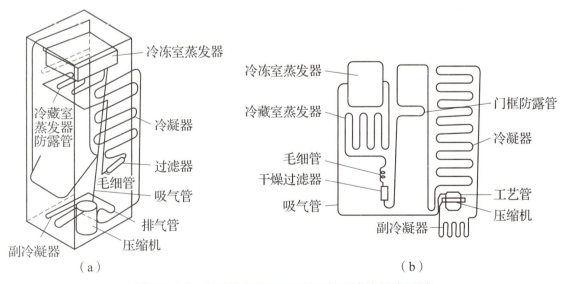

图 1.2.11　直接冷却式双门双温电冰箱的制冷系统
（a）管路系统；（b）制冷系统原理

(3) 间接冷却式双门双温电冰箱的制冷系统

1）组成。间接冷却式双门双温电冰箱的制冷系统主要由压缩机、冷凝器（2个）、蒸发器、毛细管（2根）、干燥过滤器等组成，见图1.2.12。

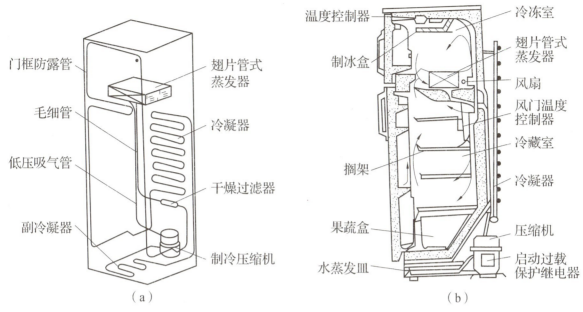

图1.2.12　间接冷却式双门双温电冰箱的制冷系统
（a）制冷系统；（b）剖面结构

2）特点。与直接冷却式双门电冰箱相比，二者的箱体结构、制冷系统及各部件安装位置基本相似，制冷剂在系统中循环的路径也基本一样，其主要区别在于蒸发器和温度控制器。这类电冰箱只有一个蒸发器，是翅片管式蒸发器，其安装方式分为横卧式和竖立式两种。因为蒸发器采用翅片管式，所以又安装了小型轴流风扇，强迫制冷剂循环对流。一部分冷气通过风道吹至冷冻室，另一部分冷气通过风门温度控制器的风门和风道吹送至冷藏室，使两室分别降温。此类冰箱的温度控制器有两个，冷冻室温度控制器通过控制压缩机的开、停来达到冷冻室的星级要求（三星级或四星级）。冷藏室温度控制器是感温式风门温度控制器，位于两室之间的风道，能根据风道温度自动调节风门开启的大小来控制进入该室的风量，以实现冷藏室达到0℃~10℃。

六、检测和评价

1. 判断题（每题10分，共50分）

（1）门控电路主要由门控灯和门控开关组成，开关触点处于常开状态。　　　　　　（　　）

（2）在更换压缩机时，可以不用放掉系统内的制冷剂。　　　　　　　　　　　　　（　　）

（3）在用螺钉旋具撬起门控开关时，不要对电冰箱塑料外壳造成损伤。　　　　　　（　　）

（4）直接冷却式单门电冰箱的制冷系统内仍然有两个蒸发器。　　　　　　　　　　（　　）

（5）若磁性门封条出现污垢或在外磁场作用下失去磁性，则会出现密封不严，进而导致电

冰箱失去保温作用。（　　）

2. 填空题（每题10分，共50分）

（1）门体主要由_____、_____、_____和_____组成。

（2）电冰箱电气控制系统主要由_____、_____、_____、_____、_____及各种电加热器组成。

（3）在电冰箱门控电路中，当门打开时，开关_____，灯_____；当门闭合时，开关_____，灯_____。

（4）间接冷却式双门双温电冰箱与直接冷却式双门电冰箱相比，箱体结构、制冷系统及各部件安装位置基本相似，制冷剂在系统中循环的路径也基本一样，其主要区别在于_____和_____。

（5）直接冷却式电冰箱冷冻室的温度最低约为_____，冷藏部分的温度一般控制在_____。

任务三　判断电冰箱的故障

电冰箱在长时间工作后，或多或少会出现一些故障，这就要求我们要能够对其进行维修。要维修电冰箱，就需要根据电冰箱的故障现象，先判断出故障部位，再进行检修。因此，掌握电冰箱故障判断方法，在电冰箱的维修中尤其重要。

一、任务描述

本任务以常见双门电冰箱为例，通过"问""看""摸""听"4个方面，学习电冰箱的故障判断方法。通过完成任务，学生应了解电冰箱工作时各部位的情况，学会判断电冰箱制冷系统和电气控制系统的常见故障。完成这一任务大约需要90min，具体作业流程见图1.3.1。

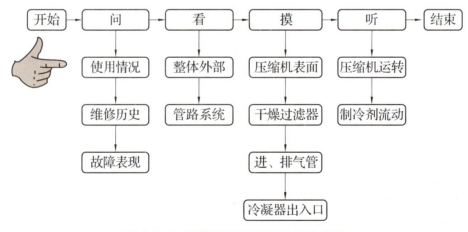

图1.3.1　判断电冰箱故障的作业流程

二、任务目标

1）掌握判断电冰箱故障的常用方法。
2）能判断制冷系统的故障。
3）能判断电气控制电路的故障。

三、作业进程

1. 问

问就是通过对客户的询问，掌握该电冰箱的第一手资料，如何时出现何种现象的故障，是否有操作使用上的失误，温度调节是否适宜，所在地是否经常停电，开门次数，电冰箱不制冷现象是逐渐形成的还是突然出现的等。

同时，还要询问用户使用情况、维修历史和故障表现等，这样可以根据用户的描述初步判断故障情况，特别是排除因用户误操作而使电冰箱出现的假性故障（如夏季温度控制器调节温度太低，使冰箱工作时间过长或长时间不停机等）。

2. 看

通过对电冰箱整体外部、管路系统的接口观察，判断电冰箱的常见故障，如门封不严、泄漏等都可以通过用眼睛仔细观察来发现。具体判断步骤分3步完成，见图1.3.2。

判断步骤如下。

第一步：检查电冰箱的整体外部，看是否有磕碰和损坏的地方，看电冰箱的门封是否严紧，见图1.3.2（a）。门封不严，可能会导致电冰箱的制冷不良、冷冻室出现大量结冰等故障现象。

第二步：看管路系统是否有泄漏情况［见图1.3.2（b）］。在电冰箱正常工作时，制冷剂和少量的冰冻机油同时在管路中流动。由于制冷剂的渗透性较强，管路中一旦有泄漏，容易出现油污现象。一般发生泄漏的部位常出现在焊接处（如工艺管的封口处、排气管和回气管的连接处及干燥过滤器两端的连接处）。另外，比较常见的泄漏处还有蒸发器处。

第三步：检测管路系统有无泄漏时，可以用一张干净的白纸在容易出现泄漏的部位擦拭，看有无出现油污，如果没有，说明该处无泄漏，见图1.3.2（c）。

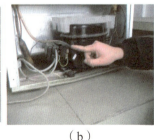

（a） （b） （c）

图1.3.2　看冰箱外部及管路系统

3. 摸

用手触摸制冷系统中关键部位的温度，也可初步判断电冰箱常见的一些故障，如压缩机故障等。电冰箱在通电 20~30min 后，制冷系统的各部位温度都会发生明显的变化。此时，可以触摸制冷系统各部件，感知其温度变化情况，具体操作见图 1.3.3。

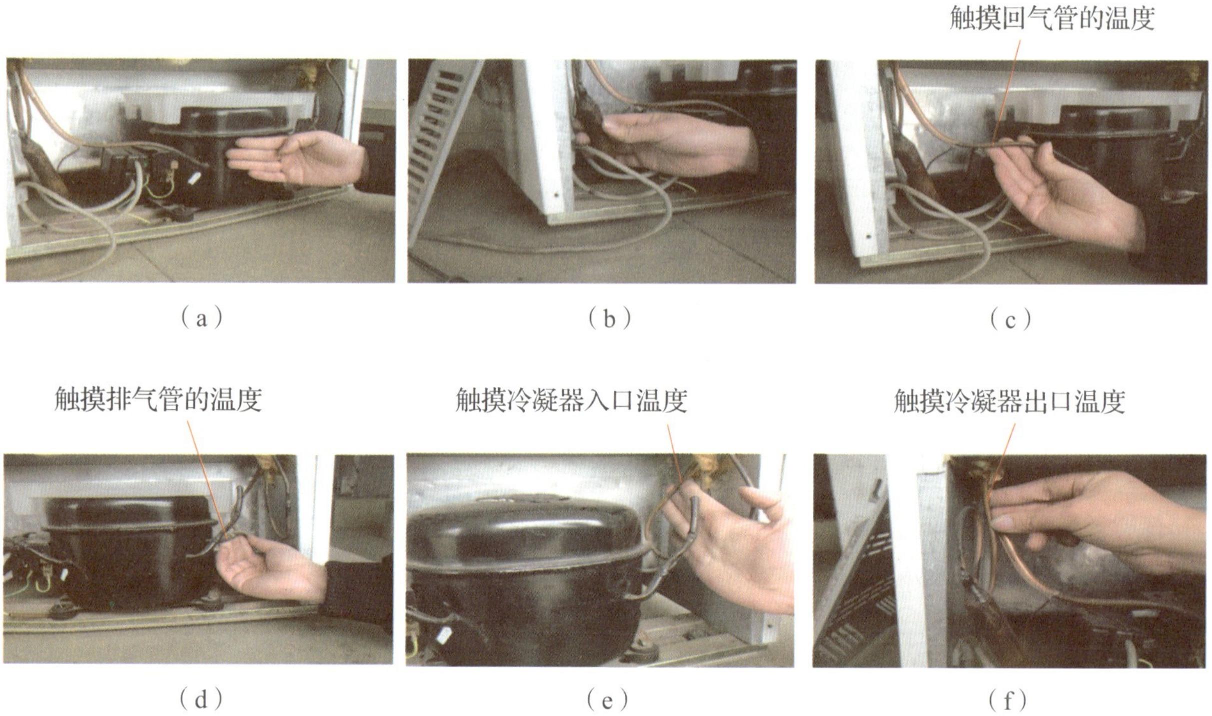

（a） （b） （c）

（d） （e） （f）

图 1.3.3 摸电冰箱各部位温度

第一步：用手触摸压缩机表面的温度，见图 1.3.3（a）。一般压缩机在正常运转过程中，表面的温度可以达到 100℃左右，用手小心触摸应有明显的烫手感觉。

第二步：用手触摸干燥过滤器的温度，见图 1.3.3（b）。电冰箱正常工作时，干燥过滤器的温度应略高于人体的温度，摸的时候应感到有些烫，但不至于烫手。

第三步：用手触摸压缩机回气管的温度，见图 1.3.3（c）。电冰箱正常工作时，压缩机回气管的温度较低，用手触摸应有冰凉的感觉，但不应出现结霜或滴水情况。

第四步：用手触摸压缩机排气管的温度，见图 1.3.3（d）。电冰箱正常工作时，压缩机排气管的温度较高，在 60℃左右，用手触摸应感觉有些烫手。

第五步：用手触摸冷凝器入口温度，见图 1.3.3（e）。电冰箱正常工作时，冷凝器入口温度较高，与压缩机排气管温度比较接近。

第六步：用手触摸冷凝器出口处温度，见图 1.3.3（f）。电冰箱正常工作时，冷凝器出口温度与干燥过滤器温度比较接近。它的温度是由入口处向出口处逐渐递减的，触摸时应有明显的温差。

> **友情提示**
>
> 1）为防止因压缩机表面漏电导致触电，在用手触摸压缩机表面温度时，建议用手背触摸。
>
> 2）压缩机表面温度较高，在用手触摸时，应小心烫伤。

4. 听

通过听也能了解电冰箱的部分故障，如压缩机故障、堵塞故障、泄漏故障，具体可分两步完成，见图 1.3.4。

第一步：听制冷剂在系统中流动的声音，见图 1.3.4（a）。电冰箱在正常制冷时，由于制冷剂要在电冰箱的管道中流动，会有气流声或水流声发出。如果听不到水流声，说明管路中有堵塞现象。

第二步：听压缩机工作时的声音，见图 1.3.4（b）。压缩机在正常工作时，应有比较小的"嗡嗡"声。如果没有，说明压缩机没有启动；如果出现强烈的"嗡嗡"声，说明压缩机通电，但没有启动；如果听到压缩机内有异常的金属撞击声，这是卡簧脱落撞击外壳的声音，遇到这种情况要马上切断电源。如果压缩机出现"嗒嗒"的响声，说明出现了压缩机保护电路故障。

听制冷剂的流水声　　　　　　　　　　　　听压缩机运行声音

（a）　　　　　　　　　　（b）

图 1.3.4　听制冷系统的声音

电冰箱 80% 的故障能通过"问""看""摸""听"找到故障部位，从而迅速排除故障。

【做一做】试着根据上述方法，判断一下自己家中的电冰箱是否出现故障。

四、技能测评

在学习完"判断电冰箱的故障"这一任务后，你掌握了哪些知识和技能？请按照表 1.3.1 的要求进行评价。

表 1.3.1 电冰箱故障判断情况评价表

序号	项目	测评要求	配分	评分标准	自评	互评	教师评价	平均得分
1	观察电冰箱运行情况	知道电冰箱故障各部位的外观变化情况	20	不明各观察点变化情况，扣20分				
2	摸各关键点温度变化情况	1. 找到温度变化的关键点； 2. 正确判断关键点的温度	60	1. 不能找到温度变化关键点，扣30分； 2. 不明关键点温度情况，扣30分				
3	听电冰箱运行时各部位的声音	电冰箱正常运行时，各部位会发出不同的声响，根据声响判断故障情况	20	不能通过声响判断故障点，扣20分				
安全文明操作		违反安全文明操作规程（视实际情况进行扣分）						
额定时间		每超过5min扣5分						
开始时间		结束时间		实际时间		成绩		
综合评价意见								
评价教师				日期				
自评学生				互评学生				

五、知识广角镜

1. 电冰箱常见故障判断

（1）压缩机运转不停故障

1）故障特征：电冰箱压缩机一直运转不停时，冷冻室会结满厚厚的一层霜，冷藏室无霜。

2）故障分析：出现此类故障可能是由以下3个原因引起的，①门封不严；②温度控制器故障；③制冷系统故障。若电冰箱的制冷剂出现泄漏，可以使用皂水检漏法或使用电子检漏仪进行检漏。一般此故障易出现在铜铝接口处，因为此处易被腐蚀。

（2）制冷效果差故障

1）故障特征：电冰箱启动后，压缩机运转正常，但制冷效果差。

2）故障分析：电冰箱出现此类故障，往往是因为电冰箱管道出现微堵，使制冷剂的流量减少，从而带走的热量减少，造成制冷效果差。

3）故障判断：要先开机观察电冰箱制冷情况，查看风扇运转是否正常。若通过"听""看""摸"，未能发现故障部位，可通过以下4个步骤找到故障部位。

第一步，用割管器切割压缩机的工艺管口，若发现同时有大量制冷剂从工艺管口喷出，说明电冰箱的制冷系统没有泄漏点。

第二步，使用割管器将毛细管与干燥过滤器切断。

第三步，通过工艺管口向电冰箱制冷系统中充入氮气，同时可使用打火机检查干燥过滤器接口处，发现干燥过滤器接口处有大量气体喷出（吹动火苗摇摆）。

第四步，使用打火机检查毛细管接口处，发现毛细管接口处有少量气体喷出（吹动火苗微动），因此判断是由于毛细管微堵，造成电冰箱故障。

（3）电冰箱不结霜故障

1）故障特征：电冰箱通电后，冷冻室和冷藏室都不结霜，但压缩机运转正常。

2）故障分析：压缩机运转正常，但又不结霜，说明制冷剂没有在管道系统中循环，主要原因是管道有泄漏，造成制冷剂泄漏，电冰箱不结霜；或管道严重堵塞，制冷剂在管道中难以循环，电冰箱不结霜。打开压缩机的工艺管口，如果有大量制冷剂排出，说明管道严重堵塞。如果没有或部分制冷剂排出，为制冷剂泄漏故障。通过以下4个步骤可以找到故障部位。

第一步，在压缩机的工艺管口焊接管路连接器，将管路连接器与三通检修阀的工艺管连接。

第二步，向电冰箱内充入0.8MPa的氮气，3天后观察，发现三通检修阀的表压不变，初步判断为排气管路泄漏。

第三步，断开毛细管与干燥过滤器接口处，将干燥过滤器的出口端封死。

第四步，使用气焊将排气管与压缩机的连接处断开，连接排气管与三通检修阀的工艺管。

第五步，向排气管路中充入14MPa的氮气，3天后观察，发现三通检修阀的表压力不变，说明电冰箱的制冷系统无漏点。

第六步，恢复电冰箱的制冷系统抽真空，连接制冷剂钢瓶，电冰箱开机后注入制冷剂，当吸气管压力达到0.6MPa时，冷藏室开始结霜，当吸气管的压力达到1.5MPa时，吸气管开始结露。低压压力过高，超出了正常吸气管压力的3倍，说明压缩机阀片关闭不严，需要更换新的压缩机。

2. 箱体、制冷系统和电气控制电路的故障特征

（1）箱体故障特征

箱体故障特征主要是电冰箱磁性门封不严，造成制冷量泄漏过多，蒸发器结霜过厚，箱内温度降不下来，使压缩机长时间运转不停。

造成磁性门封不严的主要原因：聚氯乙烯出现老化变形或破裂和磁性门封失去磁性，安装不当或门铰链损坏造成箱门不平行，箱门关闭不严产生缝隙。

（2）制冷系统和电气控制系统的故障特征

电冰箱的制冷系统是否发生故障，主要根据制冷循环系统中各部件的温度与压力的变化情况，以及压缩机的工作时间来判断。在电冰箱通电后正常运行的情况下，几分钟后冷凝器高压进气管的温度应很快升高；接着冷凝器的温度也随之升高，其温度一般比环境温度高约20℃，手摸冷凝器应感觉较热。靠近冷藏室侧壁细听，应能听到气流声。30min后，打开电冰箱门应能见到蒸发器表面均匀结霜。将温度控制器旋钮向小数字方向旋转，压缩机应能自动停机，再反方向旋转压缩机应能自动开机。若没有上述现象，则证明电冰箱出现故障。

制冷系统主要表现在以下几个方面：①压缩机长时间运转，箱内不降温；②压缩机长时间运转，但冷藏箱内温度降不到规定要求；③压缩机工作时机壳温度过高，超过正常值。

电冰箱电气系统的故障主要表现在以下几个方面：①压缩机启动、停止频繁；②箱内温度忽冷忽热，失去控制；③压缩机运转不停，箱内温度过低。

六、检测和评价

1. 判断题（每题10分，共50分）

（1）当电冰箱接通电源后，首先可听到"嗒"的一声轻响，这是启动器闭合的响声。
（2）电冰箱正常工作时，用手摸压缩机应有烫手的感觉。　　　　　　　　　　（　　）
（3）手摸冷凝器时应有能长时间承受的热感。　　　　　　　　　　　　　　（　　）
（4）压缩机发生故障后，会导致电冰箱不制冷。　　　　　　　　　　　　　（　　）
（5）压缩机在正常工作时，应有比较大的"嗡嗡"声。　　　　　　　　　　（　　）

2. 填空题（每题10分，共50分）

（1）判断电冰箱制冷系统是否发生故障，可以采用_____、_____、_____、_____等方法进行现场检查。
（2）压缩机运转不停故障表现为_____。
（3）当制冷系统出现脏堵时，电冰箱进气管温度_____、排气管的温度_____、干燥过滤器的温度_____。
（4）若听不到蒸发器内的气流声，说明制冷系统有_____。
（5）电冰箱电气系统的故障主要表现在_____、_____、_____等几个方面。

任务四　检修电冰箱制冷系统故障

通过前面的学习，学生已经能够判断电冰箱的故障。电冰箱制冷系统故障的表现形式虽然多种多样，但是故障原因多为压缩机故障、泄漏故障、堵塞故障3种。本任务主要学习检修电冰箱制冷系统的典型故障。

一、任务描述

在本任务中，根据电冰箱常见故障现象，通过处理制冷系统内外泄漏、冰堵、油堵等故障，掌握维修电冰箱的基本方法。完成这一任务需要走进实训室，拆开电冰箱处理故障部位，预计用时90min，其作业流程见图1.4.1。

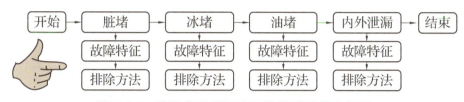

图1.4.1 检修电冰箱制冷系统故障的作业流程

二、任务目标

1）会维修脏堵、冰堵、油堵故障。

2）会维修制冷剂内、外泄漏故障。

三、作业进程

1. 检修脏堵故障

（1）脏堵的故障特征、产生原因

电冰箱出现脏堵时，将无法正常工作，故障现象主要表现为不制冷、制冷效果差、不停机、断电停机后无法再次启动等现象。造成脏堵的主要原因是干燥过滤器失效、毛细管内壁堆积脏物和部件损坏形成堵塞等。

（2）脏堵故障的检查与排除

脏堵一般发生在干燥过滤器或毛细管初段，可以在刚开机时进行判断，用手摸压缩机排气管温度，如果温度高，过一会儿就下降说明有脏堵。具体脏堵部位可以通过断开毛细管来检查，见图1.4.2。

图1.4.2 检查脏堵的部位

1）判断堵塞部件：方法是在靠近过滤器处断开毛细管，如干燥过滤器断口有制冷剂喷出，说明是毛细管堵塞，否则是干燥过滤器堵塞。

2）检修方法：如果是毛细管堵塞，则给压缩机加挂工艺表阀，并从工艺管处加入0.6MPa左右的氮气进行逆程排堵，将污物从毛细管口处吹出。如果是干燥过滤器堵塞，则需要更换干燥过滤器。

> **友情提示**
>
> 维修时的注意事项和质量要求如下。
> 1）在进行维修时先要排出制冷剂，确认排除彻底后才可进行焊接操作。
> 2）在确定对毛细管进行吹污操作时，确认排气通畅后，方可恢复毛细管。
> 3）毛细管出现脏堵，一般是干燥过滤器失效导致的，排除故障时应同时予以更换。
> 4）在更换干燥过滤器时，要先在干燥过滤器初段钻一小孔，放出高压制冷剂后才能进行焊接，在更换时还要注意规格和型号应匹配。

【想一想】一台 BCD-155A 双门电冰箱刚开机时，摸压缩机排气管很热，一会儿就没有热度了，电冰箱也不制冷，可能是什么故障呢？

2. 检修冰堵故障

（1）冰堵的故障特征、产生原因和检查方法

电冰箱出现周期性制冷与不制冷的故障情况时，一般是电冰箱出现了冰堵。产生冰堵的主要原因是电冰箱制冷系统含水分过多，过多水分进入毛细管，在其出口处结冰，造成冰堵。检查时可先用热毛巾加热毛细管，再仔细听蒸发器中制冷剂流动的气流声，如果蒸发器中出现由没有气流声到有气流声的转变，则可以判断为冰堵；如果电冰箱在维修制冷系统过程中，发现与压缩机工艺管连接的真空压力表一会儿显示负压，一会儿表压正常，也可以判断为冰堵。

（2）冰堵故障的排除

确认冰堵故障后，应先将制冷系统部件拆下，在 100℃~105℃温度下加热、干燥 24h；然后将部件装回，启动压缩机对制冷系统进行排空和干燥，同时用碳化大火焰对冷凝管、压缩机壳进行移动式加热驱走水分（见图 1.4.3）。在排气口处明显感到排气很干燥，无潮湿感即可。

图 1.4.3　冷凝器加热

> **友情提示**
>
> 维修时的注意事项和质量要求如下。
>
> 在维修时,首先要确定系统中无泄漏点,然后对系统分段进行"气洗",让氮气带走水分和空气。要延长抽空时间和压缩机运行抽空时间,保证抽空质量。如果是严重冰堵故障,应更换冷冻油和干燥过滤器。

【想一想】一台电冰箱出现不制冷故障,并已查找出漏点在蒸发器出口端,进行补漏后,再次试运行,仍出现不制冷故障,可能是什么原因造成的?

3. 检修油堵故障

（1）油堵的故障特征、产生原因和检查方法

电冰箱制冷系统出现油堵,一般表现为制冷效果差、压缩机工作不停机等现象。产生这种故障的原因是冷冻油变质;油泥状物质堆积在毛细管内部或蒸发器管道储液器内,引起堵塞。检测时,将电冰箱接通电源,听蒸发器内是否发出"咕咕"的吹油泡声,如果有,则可确定为油堵;否则,不是油堵。

（2）维修油堵故障

油堵一般发生在毛细管中,因此先割开蒸发器管口（见图1.4.4）,然后进行系统的处理。

检修方法：割下接近进入箱体一端的毛细管,封住干燥过滤器出口。从工艺管口处加入0.6MPa左右氮气,把蒸发器残存的冷冻油从管口吹出。注意适当延长"气洗"时间,直至无油喷出,再用气焊焊下干燥过滤器,提高压力至0.8MPa,对冷凝器管道进行"气洗"。最后拆下压缩机,更换冷冻油、干燥过滤器和毛细管即可。

图1.4.4 割开蒸发器管口

> **友情提示**
>
> 维修时的注意事项和质量要求如下。
>
> 严格按操作规范,把管道内的残存冷冻油吹出。严重的油堵要适当提高压力和延长"气洗"时间,确保出口处无油吹出。要重点排除蒸发器中的残油。
>
> 电冰箱出现油堵后,一般要更换冷冻油、干燥过滤器。操作时,不要出现焊堵和焊漏的情况,避免造成新的故障。

4. 检修制冷剂内、外泄漏故障

（1）泄漏的故障特征、产生原因和检查方法

制冷剂泄漏后，会造成电冰箱不制冷或制冷不足，手摸冷凝器发现不发热或一半热一半凉等。有的电冰箱可同时出现几处泄漏点，维修时应注意仔细进行保压排查。保压不合格的电冰箱肯定存在漏点未排除的情况，很有可能是内漏。此时，应分段进行保压，以便确认泄漏点。若出现内漏，需开背进行维修。产生泄漏故障的原因是制冷系统质量问题或使用不当等，使管道接口部位发生裂缝、漏洞，从而造成制冷剂泄漏，产生电冰箱不制冷或制冷不足的故障特征。在检查时应仔细检查制冷系统管道是否有油渍出现。检查时可以用肥皂水（泄漏点冒泡）、卤素检漏灯（泄漏点火焰紫色）、电子检漏仪（泄漏点声音变大变快）来测试，从而找出泄漏点。为了使检漏现象反应明显，检查前，先给系统加满氮气保压，并对裸露在外的管道，特别是接头部位进行检漏。

（2）制冷剂内、外泄漏故障的排除

1）制冷剂内漏故障主要以蒸发器泄漏为主，处理方法一般是开背维修，见图1.4.5。也可以用铜管在冷冻室内重新缠绕做一个蒸发器。这种方法的优点是避免开背时对电冰箱造成损坏，但是会减少箱内容积，影响使用。

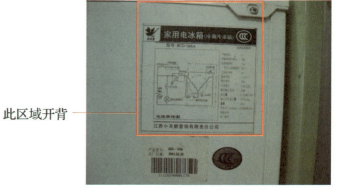

图1.4.5 开背维修

2）制冷剂外漏故障的排除：在查找出泄漏点后，应做好记号，排空制冷系统内的制冷剂，打开工艺管口，对漏点进行补焊补漏处理。对于严重的管道损坏，应更换管道。处理完成后，进行保压、抽真空并注入制冷剂。

检修方法：用砂轮机按事先画好的线条去掉外铁皮，不能伤及内部导线、管路等。去掉发泡隔热层，露出蒸发器管道和接头部位，进行检漏，确定漏点。进行焊补或粘胶补，经试压无漏后，再恢复原状。

友情提示

维修时的注意事项和质量要求如下。

制冷系统维修中，对处理泄漏故障要求较高，不允许焊堵管口，造成新的故障。内漏各项工艺要求更高，特别要防止出现新的漏点。注意对电冰箱进行整体恢复。

漏和堵是电冰箱制冷管道系统最易出现的故障，表现均为不制冷或制冷不够、不停机。如何区分漏和堵呢？这就要从折断的毛细管口处有无制冷剂喷出，以及喷量的大小来判定。一般来讲，若工艺管无制冷剂喷出，但靠近过滤器出口的断口处有大量制冷剂喷出，即可初步判断为脏堵或油堵。若所有管道均无大量气体喷出或没有气体喷出，即可判断为泄漏故障。液堵或冰堵工艺管切断后，有制冷剂喷出。

项目一　家用电冰箱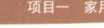

下面请同学们对电冰箱制冷系统进行检修。

【做一做】电冰箱不制冷了，请排除电冰箱的故障。

四、技能测评

在学习完"检修电冰箱制冷系统故障"这一任务后，你掌握了哪些知识和技能？请按照表1.4.1进行评价。

表 1.4.1　电冰箱制冷系统故障检修情况评价表

序号	项目	测评要求	配分	评分标准	自评	互评	教师评价	平均得分
1	切割与焊接	1. 切割压缩机工艺管规范； 2. 管道焊接无堵塞、砂眼、气孔或烧穿等现象	30	1. 切割压缩机工艺管不当，扣10分； 2. 管道焊接不当，扣20分				
2	连接三通检修阀、抽真空	三通检修阀、真空泵连接正确	10	1. 与三通检修阀、真空泵连接错误，扣5分； 2. 抽真空操作不当，扣5分				
3	清洁制冷系统、充注制冷剂	1. 吹污彻底、干净； 2. 充注制冷剂量符合要求	50	1. 吹污不净，扣20分； 2. 充注制冷剂动作不正确，扣20分； 3. 制冷剂充注过多或过少，扣10分				
4	试运行和封口	1. 试运行检查到位； 2. 封口正确	10	1. 试运行马虎，扣5分； 2. 封口不严，扣5分				
安全文明操作		违反安全文明操作规程（视实际情况进行扣分）						
开始时间		结束时间		实际时间		成绩		
综合评价意见								
评价教师				日期				
自评学生				互评学生				

五、知识广角镜

1. 换冷冻机油

制冷系统在正常运行时，消耗的润滑油极少，但在检修过程中会损失一些润滑油；新的电冰箱在工作一定时间后，由于摩擦产生的金属粉末会污染润滑油；如果系统内含有水分和杂质，润滑油也会恶化变质。遇到上述情况时，均需更换润滑油。

全封闭式压缩机有往复式和旋转式之分，其灌油方法也不同。全封闭式压缩机没有视油镜，故很难判断是否缺油，一般在修理时倒出原有冷冻油后，重新灌油时多加10%。若压缩机没有进行开壳维修，可在系统抽真空后在工艺管处吸入冷冻油。表1.4.2中给出了压缩机灌油量的参考值。

表 1.4.2　压缩机灌油量参考值

压缩机制冷量 /W	122	183	367	551	736	1 102	1 407	2 205
油量 /L	0.20	0.35	0.50	0.75	1.5	2.0	2.0	2.5

（1）往复式压缩机充灌冷冻油

1）将冷冻油倒入一个清洁、干燥的油桶内。

2）用一根清洁、干燥的软管接在低压管上，软管内先充满油，排出空气，再将此软管插入桶中。

3）启动压缩机，冷冻油可由低压管吸入。

4）按需要量充入后即可停机。

（2）旋转式压缩机充灌冷冻油

1）将冷冻油倒入干燥、清洁的油桶中。

2）将压缩机的低压管封死。

3）在压缩机的高压管上接一只复合式压力表和真空表。

4）启动真空泵，将压缩机内部抽成真空。

5）将高压阀关闭。

6）开启低压阀，冷冻油被大气压压入压缩机，充至需要量即可。

在向全封闭式压缩机充灌冷冻油的过程中，若高压管喷出雾状油滴，可将高压管插入事先准备好的杯子中。充入冷冻油后，不可立即用焊具焊接压缩机，以免压缩机内空气受热膨胀而爆裂，必须先将压缩机外壳焊接好，并进行检漏后方可灌油。

2. 电冰箱检修前的接待工作

（1）热情接待顾客

制冷设备维修工维修的多是家用制冷设备，所以会不断有顾客登门请求服务。当有顾客登门时，应主动热情地说："您好，欢迎您的光临！请问有什么可以帮到您吗？"这时，顾客就会说明来意。一般分为两种情况：一是要购买制冷设备的零配件；二是要求维修已损坏的电器。对于第一种情况，应热情地帮助顾客挑选满意的零配件，若无现货，应主动说明到货的时间，或者和顾客约定登门送货。对于第二种情况，有两种可能，若顾客已将准备维修的电器带来，则应主动把电器抬到室内，并根据电器的损坏情况和顾客洽谈维修事宜；若顾客不便搬运电器，则应主动询问电器的损坏情况，并和顾客约定登门服务的时间。当顾客得到满意的服务或答复后离开时，应使用"谢谢您的合作""请多提宝贵意见""欢迎您再来"等文明用语与顾客道别。

（2）工作人员的着装、仪表和文明用语

工作人员应着统一工作服，若无统一的工作服，应穿着朴素大方，不能穿奇装异服，也尽量不要穿着时装。男同志不应留长发，不蓄胡须，不戴墨镜；女同志不要浓妆，尽量不戴饰物；应做到落落大方，不卑不亢。

顾客登门有可能买到了所需的零配件，或双方就维修事宜洽谈成功，也有可能没有买到满意的零配件，或双方就维修事宜没有洽谈成功。无论哪种情况，从顾客登门到服务再到顾客离去的整个过程中，工作人员都应使用"您好""欢迎您的光临""您有什么事情""我能帮您做什么""谢谢您的合作""请多提宝贵意见""欢迎您再来"等文明用语。特别是在顾客没买到满意的零配件或双方没有就维修事宜洽谈成功时，工作人员更应该使用"对不起""不要紧""没关系"等文明用语，以缓解双方尴尬的局面。

3. 电冰箱检修前的咨询工作

（1）主动介绍服务项目及收费标准

把顾客迎进门，在了解了顾客的意图后应主动介绍服务项目及收费标准，如零配件的价格、电器的各种维修费用等，并帮助顾客挑选满意的零配件或选择最佳的维修方案。同时，帮助顾客解决一些细微的问题，如是否需要维修的小工具，是否需要旋钮、螺钉等细小的物品等，使顾客高兴而来，满意而去。

（2）解答顾客所提问题

在双方洽谈的过程中，顾客会提出一些问题，包括价格问题和一些具体的技术问题。对于价格问题，应向顾客解释清楚收费的依据。对于顾客提出的技术问题，应根据不同情况给予不同的解答。顾客可以自己维修简单的故障，应向其说明维修的方法及注意事项，如电冰箱照明灯的更换、电源插头的更换等。对于有一定维修难度的技术问题，当具备一些维修知识时，应向顾客说明零配件的技术性能及维修过程中的简单方法，如温度控制器的更换。对于比较复杂的技术问题，应使用最通俗、最简单的语言向顾客解释，帮助顾客分析电器损坏的原因，并说明电器的正确使用方法。

（3）大致判断故障部位

对于已经损坏的电器，不要急于通电检查，应首先向顾客询问电器近期的使用情况，发生故障时的现象等。然后，根据情况有针对性地通电检查，就可以大致判断出故障部位，为制定维修方案找到技术依据，并据此向顾客说明收费情况。

（4）为顾客开具维修单据

经过以上的接待工作，双方就维修事宜达成协议，这时要为顾客开具维修单据，并注明时间。若需要收取押金，则应为顾客开具现金收据。顾客取件时，要为顾客开发货票。对于需上

门修理的电冰箱，应在维修单据上注明上门维修的时间、双方联系的电话、顾客的住址等。

六、检测与评价

1. 判断题（每题 10 分，共 50 分）

（1）脏堵一般发生在干燥过滤器或毛细管初段。　　　　　　　　　　　　（　）

（2）在上门修理电冰箱时，应在维修单据上注明上门维修的时间、双方的联系电话、顾客的住址等。　　　　　　　　　　　　　　　　　　　　　　　　　　　　　　　（　）

（3）在维修电冰箱时，对于比较复杂的技术问题，可以不用向顾客解释。　（　）

（4）对压缩机充入冷冻油后，应立即用焊具焊接压缩机。　　　　　　　　（　）

（5）制冷系统维修中，对处理泄漏故障要求较高，不允许焊堵管口，造成新的故障。
　　　　　　　　　　　　　　　　　　　　　　　　　　　　　　　　　（　）

2. 填空题（每题 10 分，共 50 分）

（1）电冰箱制冷系统常见故障有_____、_____、_____等。

（2）冰堵发生的原因是_____。

（3）电冰箱发生脏堵故障现象是指_____。

（4）电冰箱发生冰堵堵故障现象是指_____。

（5）油堵一般发生在_____。

任务五　检修电冰箱电气控制系统故障

通过前面的学习，学生已经能够对电冰箱制冷系统的故障进行维修了，但是电冰箱电气控制系统出现故障也会导致电冰箱不能正常工作。因此，必须了解电冰箱常见的电气控制系统故障。电冰箱电气控制系统的检测见图 1.5.1。

图 1.5.1　电冰箱电气控制系统的检测

项目一　家用电冰箱　33

一、任务描述

本任务根据电冰箱后背自带的电路图,对由电气控制系统故障引起的电冰箱不制冷、不停机两种常见故障进行检修。通过完成本任务,学生可以学会处理电冰箱电气控制系统常见故障的方法。要完成本任务需要走进实训室,拆开电冰箱。本任务预计用时90min,其作业流程见图1.5.2。

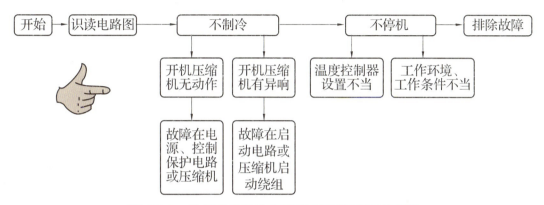

图1.5.2　检修电冰箱电气控制系统故障作业流程

二、任务目标

1）会检修由电气控制系统引起的电冰箱不制冷故障。
2）会检修由电气控制系统引起的电冰箱不停机故障。

三、作业进程

1. 识读电冰箱电路原理图

要对电冰箱电气控制电路故障进行检修,先要对所修电冰箱的电路有所了解,因此先在电冰箱侧面或背面找到电路原理图,见图1.5.3。这是一种直冷式电冰箱的电路图,主要包括门控灯电路和压缩机控制电路两个部分。门控灯电路包括门控灯和门控开关。压缩机控制电路包括热补偿器、温度控制器、启动继电器、运转电容、保护继电器和压缩机等。

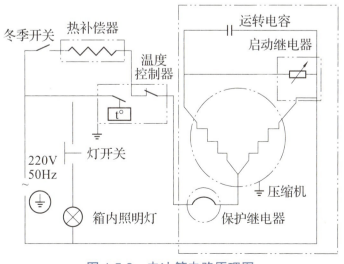

图1.5.3　电冰箱电路原理图

工作原理：电冰箱通电后，一方面，220V 的电压经热补偿器、温度控制器给压缩机供电，此时压缩机得电，开始运行，制冷系统开始工作，电冰箱内温度逐渐下降。当电冰箱内温度到达设定温度时，温度控制器触点断开，压缩机断电，停止运转。随着时间的推移，电冰箱内温度逐渐升高，温度控制器触点吸合，重新给压缩机供电，制冷系统开始制冷。另一方面，220V 的电压经门控灯开关，给箱内照明灯供电。当箱门打开时，灯开关闭合；当箱门闭合时，灯开关断开。

2. 检修不制冷故障

在电冰箱故障中，很多故障体现为不制冷（如堵故障、漏故障、电气控制系统故障等），这里针对电冰箱电气控制系统故障引起的不制冷进行检修，其检修步骤见图 1.5.4。

第一步：插上电源插座，用手摸电冰箱后盖压缩机位置 [见图 1.5.4（a）]，感觉有无压缩机启动运行时的振动现象，若有，则可直接跳至第八步。若压缩机无动作也无"嗡嗡"异响，则检查插座板供电 220V 是否正常。若无供电，检查外电路；若供电正常，则进行下一步检修。

第二步：检查温度控制器旋钮位置是否正确 [见图 1.5.4（b）]。若为"0"，则温度控制器设置不当，将其旋至合适位置即可排除故障；若温度控制器设置正确，则进行下一步检修。

第三步：拔下温度控制器接线头，并短接 [见图 1.5.4（c）]，看压缩机是否能正常启动。若能启动，则温度控制器内部触点开路，更换温度控制器即可排除故障。若不能启动，则进行下一步检修。

第四步：检查温度控制器、辅助加热开关及门控灯部分的线路是否连接好 [见图 1.5.4（d）]。若存在开路故障，应将其恢复；若连接正常，则进行下一步检修。

第五步：检查压缩机保护外壳打开后接线端子与 PTC 元件、过载保护器的连接，以及接线端子到温度控制器、门控电路、辅助加热电路的连接 [见图 1.5.4（e）]。若连接正常，则进行下一步检修。

第六步：拔出过载保护器，检测过载保护器是否开路 [见图 1.5.4（f）]。若过载保护器正常，并且连接正常，则进行下一步检修。

第七步：检测压缩机绕组 [见图 1.5.4（g）]。压缩机绕组烧毁开路或对机壳短路，压缩机均无动作，应通过更换压缩机解决故障。

第八步：若压缩机不动作，但发出"嗡嗡"异响，先检查是否外电源电压过低。若外电源正常，则检测启动电路。检查运转电容是否开路或严重漏电，PTC 是否开路 [见图 1.5.4（h）]，压缩机启动绕组是否开路。

项目一　家用电冰箱　35

内放置有压缩机　　　　　　　　　　　　　　　　　短接

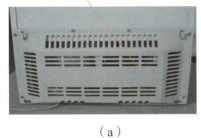
（a）

（b）

（c）

（d）

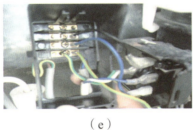
（e）

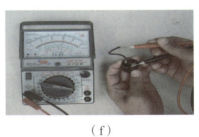
（f）

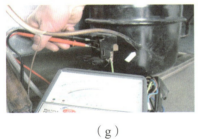
（g）

（h）

PTC

图 1.5.4　不制冷故障检修

友情提示

1）第一步中，对于因熔断丝烧断而导致的无供电故障，要先检查是否后级短路或电源电压太高。

2）第二步和第五步连接线较多，若需要断开线头检测，一定要做好标记，记清连接点，不要弄错。

3）第六步中，过载保护器处于保护状态断开后，要经过一段时间恢复，此处注意不要误判。

3. 检修不停机故障

电冰箱出现不停机故障不一定就是元器件损件，电冰箱的使用不当也有可能导致电冰箱出现不停机现象，这种情况下的检修见表 1.5.1。

表 1.5.1 电冰箱因使用不当出现不停机故障的检修

故障现象	故障原因	排除方法
不停机	电冰箱放置的环境温度太高	调整电冰箱到通风散热的位置
	电冰箱内一次放入的食品过多	调整食品的放置次序
	电冰箱的门封老化，保温效果差	更换电冰箱的门封
	电冰箱的蒸发器霜层太厚	定时或及时除霜
	温度控制器设置不合适	调整设置

排除表 2.5.1 所示的故障原因后，电冰箱仍然出现不停机故障，则可能为元器件损坏引起，其检修过程见图 1.5.5。

故障原因一：若门控灯在关电冰箱门时不熄灭，一直散热，导致不停机，此时要对门控灯电路进行检测，见图 1.5.5（a）。若门控开关坏，可以通过更换门控开关或修复开关弹簧来排除故障。

故障原因二：看温度控制器触点是否粘连，见图 1.5.5（b）。若是温度控制器故障，可采用维修或更换温度控制器的方式来排除故障。

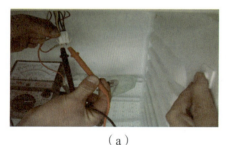 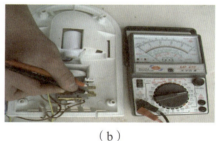

（a）　　　　　　　　　　　（b）

图 1.5.5 元器件损坏检修

同学们，你们知道如何检修电冰箱电气控制系统故障了吗？大胆尝试一下吧！

【做一做】学会了电冰箱电气控制系统的故障检修方法，就去实践操作一次，检测一下你的技术水平，看看你的能力吧。

四、技能测评

在学习完"检修电冰箱电气控制系统故障"这一任务后，你学会了哪些知识与技能？请按照表 1.5.2 进行评价。

表 1.5.2　检修电冰箱电气控制系统故障评价表

序号	项目	测评要求	配分	评分标准	自评	互评	教师评价	平均得分
1	不制冷故障检修	能够正确排除不制冷故障	40	1. 万用表使用不正确，扣10分； 2. 不能按步骤排除故障，扣30分				
2	不停机故障检修	能够正确排除不停机故障	60	1. 不能分析出故障原因，扣20分； 2. 不能按步骤排除故障，扣40分				
安全文明操作		违反安全文明操作规程（视实际情况进行扣分）						
额定时间		每超过5min扣5分						
开始时间		结束时间		实际时间		成绩		
综合评价意见								
评价教师			日期					
自评学生			互评学生					

五、知识广角镜

电冰箱典型电路：

（1）直接冷却式电冰箱电路

1）组成。直接冷却式单门电冰箱电路由温度控制器、保护器、压缩机、重锤式启动继电器、启动电容器、箱内照明灯等组成，见图1.5.6。

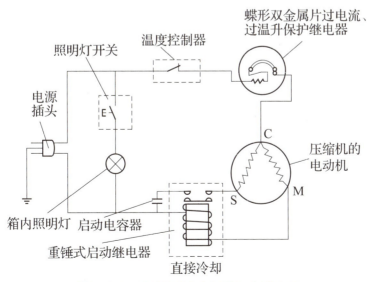

图 1.5.6　直接冷却式单门电冰箱电路

2）特点。电路采用重锤式启动继电器和蝶形双金属片过电流、过温升保护继电器分开的形式，启动方式采用电阻分相式。该电路不仅对电动机进行过载保护，还进行过温升保护。它采用半自动化霜温度控制器或按钮除霜温度控制器。容积大的电冰箱启动方式多采用电容启动式，即在启动绕组与重锤式启动继电器定点触点间串接一个启动电容器。

（2）直接冷却式双门电冰箱电路

1）组成。直接冷却式双门电冰箱电路组成与单门电冰箱类似，只是温度控制器发生变化，见图1.5.7。

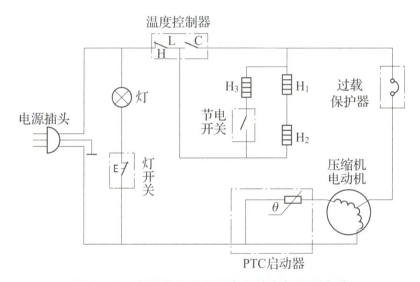

图1.5.7　直接冷却式双门电冰箱电气控制电路

2）特点。该电路采用PTC元件启动。电路特点有两个：一是使用了定温复位型温度控制器，当压缩机工作时（温度控制器L-C触点闭合），管道加热器H_1、冷藏室加热器H_2，以及温度补偿加热器（H_3）均不工作；而当压缩机不工作时（温度控制器L-C触点断开），加热器（H_1、H_2）通电工作。H_1装在上蒸发器（冷藏室）和下蒸发器（冷冻室）连接处防止管道冷冻；H_2安装在冷藏室蒸发器上，给下蒸发器融霜；H_3也装在冷藏室蒸发器上，起温度补偿作用。二是安装了节电开关，目的是当环境温度比电冰箱冷藏室温度还低时接通H_3，对冷藏室温度进行补偿，使温度控制器触点得以顺利闭合，而环境温度高于冷藏室温度时断开此开关。

（3）间接冷却式电冰箱电路

1）组成。间接冷却式电冰箱的电气控制系统由压缩机控制电路、自动化霜控制电路、风扇控制电路和照明控制电路等组成，见图1.5.8。

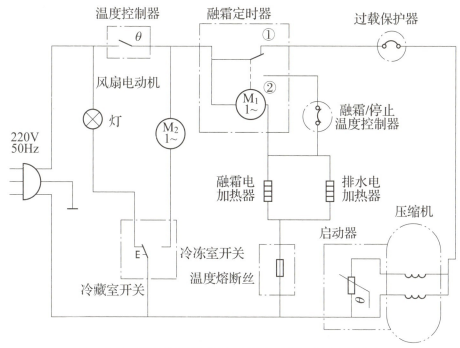

图 1.5.8 常用间接冷却式双门电冰箱电气控制电路

2）工作原理。接通电源后，压缩机通电开始运转，此时融霜定时器中的微电动机与压缩机开始同步运行。当压缩机运行了预定时间（8~12h）后，融霜定时器开关触点进行转换：触点①断开，压缩机随之停机；触点②接通，立即接通融霜/停止温度控制器。因双金属融霜温度控制器的内阻很小，可忽略不计，故把融霜定时器的微电动机短路，电压全部加到融霜电加热器（排水电加热器与它并联）上，对蒸发器进行加热融霜。蒸发器上的凝霜全部融完后，蒸发器的温度上升，当上升到双金属融霜/停止温度控制器的触点跳开温度（一般为13℃±3℃）时，触点断开，切断融霜加热器的电源，停止加热。与此同时，融霜定时器中的微电动机开始转动，并带动其内部凸轮转动，使融霜定时器的开关触点复位，即触点②断开，触点①接通，压缩机重新开始运转，蒸发器的温度逐渐下降。降到双金属融霜/停止温度控制器的复位温度（一般为-5℃）时，双金属融霜/停止温度控制器复位接通，为下一次融霜做好准备。这样就实现了周期性的全自动融霜控制。

温度熔断丝在双金属融霜/停止温度控制器失效时起作用。另外，门开关包括冷藏室门开关和冷冻室门开关两个。冷藏室门开关控制冷藏室照明灯，门打开开关闭合，灯亮；反之，灯灭。冷藏室和冷冻室门开关同时控制风扇电动机，当制冷运行时，门关闭，风扇电动机工作；反之，风扇电动机不工作。

（4）电子温度控制电冰箱电路

东芝GR-204E型电冰箱电子电路主要由直流电源电路、驱动电路、压缩机开停机控制电路及化霜电路等组成，见图1.5.9。

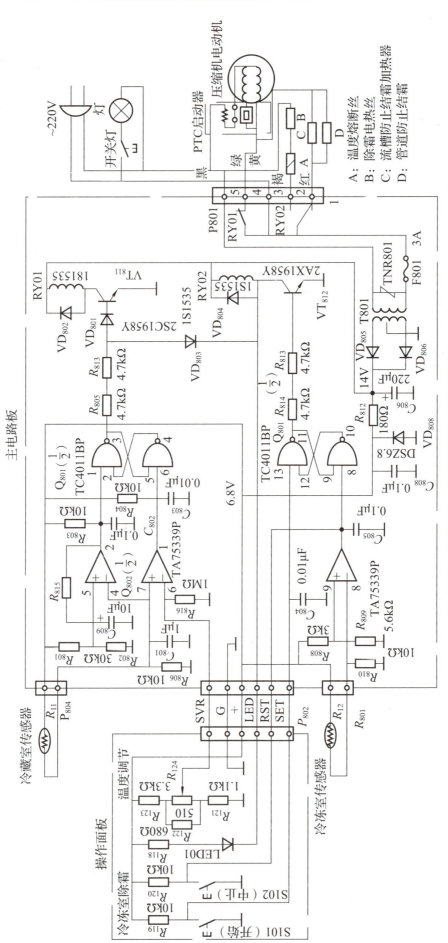

图1.5.9 东芝GR-204E型电冰箱电子电路

220V市电经变压器及整流、滤波、稳压后输出直流6.8V和直流14V电压,其中6.8V电压供集成电路使用,直流14V电压供继电器RY01、RY02和晶体管VT_{811}、VT_{812}使用。

直流6.8V电压经R_{801}、R_{802}分压后供给Q_{802}第5脚约4V固定电压。因为冷藏室温度超过3.5℃的开机温度,所以冷藏室温度传感器输入Q_{802}第4脚的电压U_4就超过4V。因此,$U_4>U_5$(U_4表示第4脚电压,以下相同),输出U_2为"0",连接到Q_{801}组成的RS触发器的1脚。此时,RS触发器的6脚为高电平,因此输出端的3脚就一定为高电平,这个高电平驱动晶体管VT_{811}进入饱和状态,继电器触点吸合,压缩机开始制冷。

压缩机运转一段时间后,箱内温度逐渐下降,冷藏室传感器的阻值逐渐增大,Q_{802}的U_4电位逐渐降低,而Q_{802}的U_6电位是由控温滑键电位器来确定的。若此时用户将该电位器置于"4"挡,则U_6电位为2V,$U_4>U_6$,U_1输出仍为高电平。当冷藏室温度继续下降,U_4电位慢慢降低至$U_4<U_5$时,U_2输出由低电平变为高电平,根据RS触发器工作原理,Q_{801}输出端U_3一定是高电平,所以压缩机继续运转。

当冷藏室温度继续下降,使$U_4<U_6$时,则U_1输出为低电平,基本RS触发器输出端U_3也由高电平变为低电平,晶体管VT_{811}截止,继电器复位,触点断开,压缩机停止运转。

当压缩机停止工作一段时间后,箱内温度逐渐上升,首先使Q_{802}的$U_7<U_6$,U_1的输出为"1",此时基本RS触发器的1脚电压仍为高电平,所以输出端U_3仍为"0",压缩机继续停转。当箱内温度升高至$U_4>U_5$时,输出端U_2为"0",触发器复位使晶体管VT_{811}导通,压缩机再次启动运转,这样周而复始地使电冰箱进行制冷循环。

六、检测和评价

1. 判断题(每题10分,共50分)

(1)照明灯不亮故障主要是门灯开关的接点接触不良所致。(　　)

(2)电冰箱放置的环境温度太高也可能会出现电冰箱不停机故障。(　　)

(3)电冰箱不制冷不一定是制冷系统故障,电气控制系统故障也可能会导致电冰箱不制冷故障。(　　)

(4)温度控制器的触点开路不会导致电冰箱不制冷。(　　)

(5)温度控制器触点粘连会导致电冰箱不制冷故障。(　　)

2. 填空题(每题10分,共50分)

(1)电冰箱电气系统常见故障有_____、_____等。

(2)在检测门开关时,按住开关,接点_____,释放开关,接点_____,说明开关正常。

(3)通常保护器的阻值为_____Ω左右,重锤式启动继电器线圈的阻值和接点的阻值都应在_____Ω以下。

(4)蒸发器霜层太厚,导致电冰箱不制冷时,应_____。

(5)温度控制器设置不合适,导致电冰箱不制冷时,应_____。

项目二
家用空调器

随着人们生活水平的不断提高，空调器已经走进千家万户，成为普通家庭必不可少的家用电器。为满足人们对空调器的应用需求，市场需要大量生产、安装、调试和维修空调器的专业技术人员。因此，学习空调器的安装与维修是很有必要的。图 2.0.1 所示为家用空调器的选用和维修。

图 2.0.1　家用空调器的选用和维修

学习目标

1. 在进行空调器维修技能训练的过程中，本着循序渐进的原则，由表及里、由浅入深，先观察空调器整机结构及主要部件的外部特征，再逐步深入各部分的内部，探究空调器制冷系统和电器控制系统及其器件的作用与工作原理。

2. 通过实际操作熟练使用维修空调器的专用工具。

3. 掌握维修空调器的基本方法，会安装空调器，会对空调器进行移机，会维修空调器的常见故障。

4. 用联系的观点分析制冷空调装置故障产生原因，透过现象看本质，培养学生系统性思维能力。

5. 贯彻安全第一的理念，要求学生严格遵守操作规程，培养学生安全意识、责任意识。

6. 通过与一线安装与维护工人的现场接触学习，引导学生增进劳动体系认识、养成劳动习惯，深植劳动情怀、锤炼劳动品质，形成正确的劳动价值观。

安全规范

1. 工作场所要通风，严禁烟火、严禁放置易燃易爆物品，远离配电设备，以免发生火灾或爆炸。同时要按规定配备灭火器材。
2. 乙炔和氧气钢瓶距离火源或高温热源的距离不得小于10m。乙炔和氧气钢瓶之间的距离不得小于5m。气瓶要竖立放置，严防暴晒、锤击和剧烈振动。
3. 氧气瓶、连接管、焊枪、手套上严禁带有油脂（氧气遇到油脂易引起事故）。
4. 焊接操作前要仔细检查瓶阀、连接管及各个接头部分，不得漏气。
5. 开启钢瓶阀门时应平稳缓慢，避免高压气体冲坏减压器。
6. 严禁在有制冷剂泄漏的情况下焊接。
7. 焊接完毕后，要关闭气瓶，确认无隐患后才能离去。
8. 安全用电，尽量避免带电操作，如果必须带电操作，则需穿电工鞋，并尽量单手操作。
9. 室外高空作业前不能饮酒，高空作业时必须系安全带，确保人身安全。
10. 安装前请务必确认用户插座的中性线、相线、地线和空调器插头的中性线、相线、地线一一对应。
11. 空调器须独立设置线路，独立线路须安装漏电保护器和自动断路器。
12. 空调器必须正确可靠接地，否则可能引起触电或火灾。
13. 在配管和电线未连接好或仔细检查之前，不要接通空调器的电源。

任务一　认识与选用空调器

走进电器商店，形形色色、各种各样的空调器让人眼花缭乱，我们怎么去认识这些空调器？又怎么选择它们呢？今天我们就到制冷制热实训中心（或者电器商店），共同来完成认识和选用空调器这一任务。

一、任务描述

本任务要求先从外形上认识空调器，看懂空调器上的各种标识，达到根据外形和空调器上的标识选用适合的空调器的目的。本任务预计用时45min，其作业流程见图2.1.1。

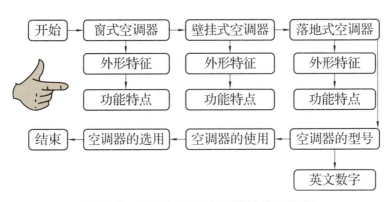

图 2.1.1 认识与选用空调器的作业流程

二、任务目标

1）能根据空调器的外形和功能区分空调器的种类。

2）会使用空调器。

3）能正确选择所需空调器。

三、作业进程

空调器从外形上看有窗式空调器、挂壁式空调器、落地式空调器等，你认识它们吗？下面将进行具体介绍。

1. 认识家用空调器

（1）认识窗式空调器

窗式空调器（又称窗机）的外形见图 2.1.2，它的结构特点是内外热交换器封装在一个整体中，分居墙的内外两侧。因为室内机和室外机没有分开，所以窗式空调器在运行过程中噪声较大。窗式空调器工作时，室内热空气被离心风扇经左侧面板吸入，经蒸发器冷却后通过风道从右侧出风口送出。一般情况下，窗式空调器用在面积较小的房间中，如卧室。

图 2.1.2 窗式空调器

（2）认识挂壁式空调器

挂壁式空调器（又称挂机）的外形见图 2.1.3，它将室内热交换器和室外热交换器分开，克服了窗式空调器噪声大的缺点。其室内机的外形更加美观。挂壁式空调器工作时，空气从进风口由贯流风扇吸入空调器内部，经室内蒸发器冷却后从下侧出风口送出。一般情况下，挂壁式空调器用在面积较小的房间，如卧室。

（3）认识落地式空调器

落地式空调器（又称柜机）的外形见图 2.1.4，它也将室内热交换器和室外热交换器分开，所以噪声很小，室内机外形变化多样。落地式空调器工作时，空气从进风口由离心风扇吸入，经风道进入蒸发器冷却后从上部出风口送出。一般情况下，落地式空调器用在面积较大的房间，如客厅。

图 2.1.3　挂壁式空调器　　　　　　　　图 2.1.4　落地式空调器

友情提示

窗式空调器通常安装在房间窗户处，或在房间内墙上开设专用洞口安装。壁挂式空调器和落地式空调器统称为分体式空调器，分体式空调器分成室内机和室外机两部分，通过管道连接而成。

【想一想】同学们还见过哪些类型的空调器呢？

2. 认识空调器的型号

按照国家标准《房间空气调节器》（GB/T 7725—2004）规定，空调器的型号代号说明见图 2.1.5。

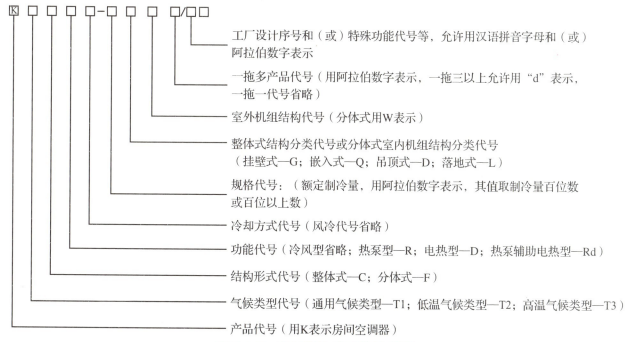

图 2.1.5　空调器的型号代号说明

例如，某空调器型号为 KFR-35GW/A，表示分体式热泵型挂式房间空调器（包括室内机组和室外机组），制冷量为 3 500W，第 1 次改型设计；KFR-50L/BP 表示分体式热泵型落地式变频房间空调器室内机组（BP 分别为汉语拼音"变"和"频"首字母）。

【想一想】你家的空调器是什么型号的呢？

3. 空调器的使用

（1）空调遥控器的使用

虽然空调器的种类、品牌、生产厂家很多，但是各种空调器的使用方法大同小异。下面介绍空调器的使用。空调遥控器见图 2.1.6。

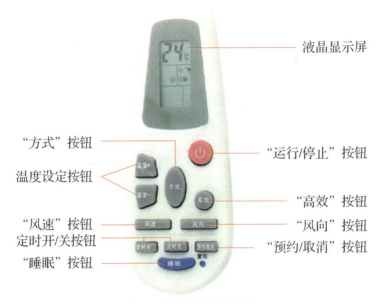

图 2.1.6　空调遥控器

1）开机/关机。将空调器的电源插头接插在空调专用电源插座上，按下"运行/停止"按钮（见图 2.1.7）即可开机，再按一次该按钮关机。

图 2.1.7　"运行/停止"按钮

2）温度设置。按下"温度+"和"温度-"按钮（见图 2.1.8）即可设置温度，每按一次"温度+"按钮，温度上升 1℃，每按一次"温度-"按钮，温度下降 1℃。

图 2.1.8　温度控制按钮

项目二 家用空调器

3)运行方式设置。连续按下"方式"按钮(见图2.1.9),可以选择空调运行于自动、制热、除湿、制冷等运行方式。按一次"方式"按钮,运行方式变换一次,4种方式循环进行。

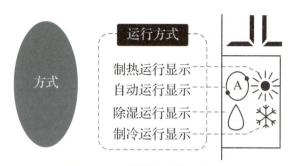

图2.1.9 运行方式选择按钮

4)风扇速度的设置。

①自动风扇速度设置。按下"风速"按钮(见图2.1.10),将风速设置成自动控制状态,此时空调器的微计算机根据所检测的室内温度和所设置的温度,自动选择最佳风扇转速。

图2.1.10 "风速"按钮及自动风速运行图标

②手动风扇速度设置。根据个人需要,可以通过按"风速"按钮设定所需要的风速,不同风速有不同的图标,见图2.1.11。

图2.1.11 可以手动设置的3种风速

5)气流方向的设置。

①手动调节水平气流方向,见图2.1.12。在空调器室内机出风口处能够看到一排垂直导风叶片,通过左右拨动这排导风叶片,可以在水平方向调节出风口气流。

图2.1.12 手动调节水平气流方向

②遥控调节垂直方向,见图2.1.13。在空调器室内机出风口处,能够看到一排水平导风叶片,通过遥控器上的"风向"按钮(见图2.1.13)设定水平导风叶片的位置,可以在垂直方向上调节出风口气流。风向有扫掠方式和自动方式两种。其中,扫掠方式是指风门叶片上下自动

转动,将气流送到尽可能大的范围;自动方式是指空调器可以根据方式不同自动调节气流方向。

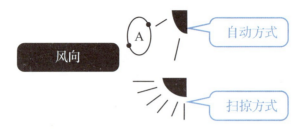

图 2.1.13 "风向"按钮及方式图标

6)定时设置。

①定时开机设置。按下"定时开"按钮(见图 2.1.14),可设置在关机状态,经过设置的时间后,空调器将自动开始运行。

设置方法如下:第一,按下"方式""温度 –""温度 +"等按钮将空调器设置为所需的运行状态。第二,按下"定时开"按钮,可以看到液晶显示屏左下角出现规定时间和闪烁的"ON"标志。这时每按一下"定时开"按钮,定时时间以 h 为单位增加 1,直到 12h 后又从 1 循环开始。第三,按下"预约 / 取消"按钮(见图 2.1.15),即完成定时开机时间设置。这时原先闪烁的"ON"不再闪烁,并且它和开机定时时间一起保留在液晶显示屏上。

取消方法:按"预约 / 取消"按钮,定时时间和"ON"标志从液晶显示屏上消失,定时开机功能取消。

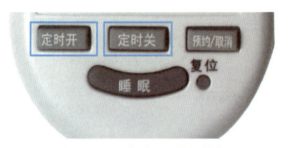

图 2.1.14 定时开 / 关机按钮

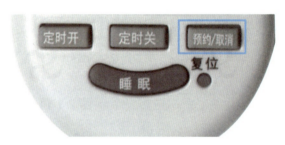

图 2.1.15 "预约 / 取消"按钮

②定时关机设置,见图 2.1.16。按"定时关"按钮可设置空调器在开机状态,经过设置的时间后,空调器将自动停止运行。

图 2.1.16 定时开关机屏幕显示

设置方法如下:第一,按下"定时关"按钮,可以看到液晶显示屏左下角出现规定时间和闪烁的"OFF"标志。这时每按一下"定时关"按钮,定时时间以 h 为单位增加 1,直到 12h

后又从1循环开始。第二，按下"预约/取消"按钮，即完成定时关机时间设置。这时可以看到原先闪烁的"OFF"标志不再闪烁，并且它和关机定时时间数字一起保留在液晶显示屏上。

取消方法：按"预约/取消"按钮，定时时间和"OFF"标志从液晶显示屏上消失，定时关机功能取消。

7）睡眠运行设置。在制冷、制热、除湿3种运行模式下按下"睡眠"按钮（见图2.1.17），空调器将会自动调节设置温度以节约电力，使房间温度在人体睡眠时达到最舒适状态。取消睡眠方式为再按一次"睡眠"按钮。

注意：自动状态下，睡眠功能不起作用。

8）高效运行设置。高效运行可以提高空调器的冷热量输出，在冬季、夏季外出后回家时使用，可使用户立即感到舒适。

设置方法如下：在制冷、制热、除湿状态下，轻轻按动遥控器上的"高效"按钮（见图2.1.18），听到"嘀"一声，液晶显示屏上的"高效"指示灯亮，标示空调器进入高效运行状态。高效运行持续时间最长为15min。

取消方法：在高效运行状态下，再按一次"高效"按钮，听到"嘀"一声即可取消。

图2.1.17 "睡眠"按钮及显示图标

图2.1.18 "高效"按钮

（2）无遥控器时启动、关闭空调器

如果遥控器遗失或有故障，可按下列步骤进行操作。

启动空调器：如果希望启动空调器，只需把空调器电源断开3min以上，然后接通电源，打开进气格栅，轻按室内机上的"应急开关"按钮（见图2.1.19）即可。此时，空调器将自动根据室温确定运行方式。

关闭空调器：如果希望关闭空调器，只需再次轻轻按室内机上的"应急开关"按钮即可。

注意：每按一次按钮时间不可太长，否则空调器会进入非正常运行状态。

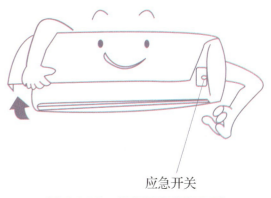

图2.1.19 应急开关按钮位置

4. 空调器的选用

（1）根据房间面积选择空调器

目前，市场上有关空调器制冷量的大小以 W（瓦）来表示，而人们常用"匹"来描述空调器制冷量的大小。二者的换算关系为 1 匹的制冷量大约为 2 000 大卡，换算成国际单位 W 应乘以 1.162，故 1 匹制冷量应为 2 000 大卡 ×1.162＝2 324W，这里的 W 即表示制冷量；同理，1.5 匹的制冷量应为 2 000 大卡 ×1.5×1.162＝3 486W。

通常情况下，家庭普通房间每平方米所需的制冷量为 115~145W，客厅、饭厅每平方米所需的制冷量为 145~175W。例如，某家庭客厅使用面积为 15m^2，若按每平方米所需制冷量 160W 考虑，则所需空调制冷量为 160W×15＝2 400W。这样，就可根据所需 2 400W 的制冷量对应选购具有 2 500W 制冷量 KF-25GW 型分体挂壁式空调器。

（2）根据能效比选择空调器

能效比又称性能系数，就是一台空调器的制冷量与其耗电功率的比值。通常，若空调器的能效比接近 3 或大于 3，就属于节能型空调器。例如，一台空调器的制冷量是 2 000W，额定耗电功率为 640W；另一台空调器的制冷量为 2 500W，额定耗电功率为 970W，则第一台空调器的能效比为 2 000W/640W=3.125，第二台空调器的能效比为 2 500W/970W=2.58。通过两台空调器能效比的比较可看出，第一台空调器为节能型空调器。

（3）根据质量选择空调器

质量好的空调器使用时间长，但价格较高。购买空调器时不能贪便宜，要看产品的质量。

1）是否使用名牌压缩机，压缩机是空调器的心脏，好的压缩机对于空调器至关重要。

2）是否使用优质高效热交换器，如亲水膜梯形铝片、内螺纹铜管等。

3）是否采用不等距贯流风叶大风轮和步进电动机驱动风摆，实现超静音设计。

4）是否是超强制冷（热），快速达到设置温度。

5）产品的外形是否美观，是否同家居环境和谐统一。

6）产品的制冷（热）量，根据房间的面积选择合适的制冷（热）量。

7）产品是否省电，一般来说，制冷（热）量越高，输入功率越低的产品越省电。

8）是否采用微计算机模糊控制，实现不停机运转，是否能自动除霜。

9）是否有低电压自动补偿功能、有宽电压工作范围。

另外，购买空调时要看蒸发器、冷凝器的肋片排列整齐，翻片有无破损，肋片与紫铜管连接是否紧密、不松动。检查空调器的运行情况，启动空调器看压缩机运行中有无异常杂音，风扇运转是否正常，高、中、低速噪声有无明显区别，以及外观是否平整、美观、镀件质量好。

【做一做】与同学到电器商场，看一看空调器有哪些种类，应该怎样选择所需空调器？

四、技能测评

在学习完"认识与选用空调器"这一任务后,你掌握了哪些知识与技能?请按照表 2.1.1 进行评价。

表 2.1.1 认识与选用空调器评价表

序号	项目	测评要求	配分	评价标准	自评	互评	教师评价	平均得分
1	认识空调器	能够正确认识空调器	50	1. 能根据空调器外形结构,说出空调器的种类(15分); 2. 能说出 KC-25G 的含义(20分); 3. 能看懂空调器的铭牌(15分)				
2	选用空调器	能够正确选用空调器	50	1. 会选择空调器的类型及功能(20分); 2. 会选择空调器的容量(10分); 3. 会选择空调器的能效比(10分); 4. 会选择空调器的循环送风量(5分); 5. 会看产品说明书(5分)				
安全文明操作				违反安全文明操作(视其情况进行扣分)				
额定时间				每超过 5min 扣 5 分				
开始时间		结束时间		实际时间		成绩		
综合评价意见								
评价教师				日期				
自评学生				互评学生				

五、知识广角镜

1. 使用空调器的注意事项

如今,家用空调器已经十分普及,正确使用空调器十分重要,不仅可以增加舒适感、节约用电,还可以增加空调器的使用寿命,减少事故的发生。因此,在使用家用空调器的时候应注意以下几点:

1)空调器在使用一年后一定要先清洗空调过滤网上的积尘。

2)每天开机的同时先开窗通风一刻钟,第一次使用的时候应该多通风一些时间,让空调器中积存的细菌、霉菌和螨虫尽量散发。

3）室内开空调器的时间不要太长,最好经常开窗换气,以降低室内有毒气体的浓度,定期注入新鲜空气。

4）要注意调整室内外的温差,一般以不超过8℃为好。

5）严禁在房间吸烟。

6）空调器在运转时,千万不要向它喷洒杀虫剂或挥发性液体,以免漏电酿成事故。

科学实验证明,人体感觉舒适的室内温度,夏季为24℃~28℃,冬季为18℃~22℃。在空气相对湿度为50%、温度为25℃时,人体感觉是最舒适的。怎样使用空调器才能既舒适又省电呢？下面给出了3种方法。

第一,不要一味地贪图空调器的低温,空调器温度设定适当即可。这是因为空调器在制冷时,设置温度每调高2℃,就可节电20%。专家指出,对于静坐或正在进行轻度劳动的人来说,室内可以接受的温度一般为27℃~28℃,此时可以将空调器设置为睡眠模式,以节省用电。

第二,选择制冷功率适中的空调器。一台制冷功率不足的空调器,不仅不能提供足够的制冷效果,由于长时间不间断地运转,还会减短空调器的使用寿命,增加空调器出故障的概率。那么,选择制冷功率更大的空调器就一定会有更好的效果吗？其实也不是。据介绍,如果空调器的制冷功率过大,会使其恒温器过于频繁地开关,从而加大空调器压缩机的磨损；同时,也会造成空调器耗电量的增加。

第三,开空调器时关闭门窗。有空调器的房间不要频繁开门,以减少热空气渗入。同时,对于有换气功能的空调和窗式空调,在室内无异味的情况下,可以不开风门换气,这样可以节省5%~8%的能量。

2. 空调器的分类

（1）按安装方式分类

1）**分体式**：分体式又分为挂壁式和落地式。它是将整体式空调器分为两部分,分别装在室内和室外,一般装在室内的机组有蒸发器、毛细管、离心风扇、温度控制器和电气控制件等,装在室外的机组有压缩机、冷凝器、轴流风机等。这种空调器的噪声低、冷凝温度低、安装维修方便、在室内占地小。

2）**吸顶式**：内机嵌入天花板内部,与天花板平齐。

3）**直角吊顶**：安装在墙角。

以上几种空调均由室内部分和室外部分组成。

4）**整体式**：整体式空调器又分为窗式和柜式两种。家用空调器常做成窗式。窗式空调器是小型空调器,结构紧凑、体积小、质量小、噪声低、安装方便、使用可靠,装有新风调节装置,能长期保持室内空气新鲜,一般安装在窗台上,包括室内侧、室外侧,分别朝向室内、室外。柜式空调器一般做成立柜式,外形美观,便于室内陈设,制冷量比窗式大。

5）**移动式**：可整体移动,一般通过增加排气管将冷凝器换热产生的热量排出室外。

（2）按制冷制热方式分类

1）单冷型，这种空调器只能制冷，不能制热。

2）热泵型（冷暖型），这种空调器有两种形式，即热泵式和热泵辅助电热式。

（3）一拖二空调器

一拖二空调器1个室外机带2个室内机。

变频机：室外机是1个压缩机，1个风扇。

定速机：室外机是2个压缩机，1个风扇。

（4）按制冷方法分类

1）全封闭蒸气压缩式制冷，目前应用较广。

2）热管制冷，利用这种原理制成的热管空调器是一种小型家用空调器，其特点是没有活动部件，可以在设计温度范围内较长期可靠地工作，结构紧凑尺寸小。

（5）按制冷量大小分类

1）小型空调器 1 000~3 000kcal/h（1.16~3.48kW）。

2）中型空调器 4 000~6 000kcal/h（4.64~6.96kW）。

3）大型空调器 10 000kcal/h 左右（11.6kW 左右）。

3. 空调器的主要技术参数

（1）制冷量

制冷量是指空调器进行制冷运行时，单位时间内从密闭空间、房间或区域内除去的热量，即每小时产生的冷量，其单位为 W（kcal/h）。也有国家用 BTU/h 表示，如日本三洋牌空调器铭牌制冷量为 8 000BTU/h，折合公制约 2 000kcal/h。

（2）性能系数（能效比）

性能系数就是空调器进行制冷运行时，制冷量与制冷所消耗的总功率之比，其单位为 W/W（kcal/(h·W)），即

性能系数（能效比）=实测制冷量/实测消耗总功率［W/W（kcal/(h·W)）］

性能系数的物理意义就是每小时消耗1W的电能所能产生的冷量数，所以性能系数高的空调器产生同等冷量消耗的电能少。

一般工厂产品样本上没有性能系数这项数据，但可用下式计算：

性能系数（能效比）=铭牌制冷量/铭牌输入功率［W/W（kcal/(h·W)）］

这样计算出来的性能系数比实际运行的性能系数要大，因为实际的制冷量比标称值小8%。

（3）噪声

窗式空调器的噪声是由风机和压缩机产生的，在分体式空调器中，室内机组的噪声仅由风机产生，所以室内噪声较低。

空调器噪声是在接近标称制冷量的工作情况及风机高速运转条件下，距空调器出风口中心

法线 1m 处，距地面约为 1m 的位置，用声级计测得的。

国家标准规定的各种规格空调器的噪声值见表 2.1.2。

表 2.1.2　国家标准规定的各种规格空调器的噪声值

制冷量 /W（kcal/h）	室内侧噪声 /dB（A）	室外侧噪声 /dB（A）
<2 500（2 150）	≤ 54	≤ 60
2 500（2 150）~4 500（3 870）	≤ 57	≤ 64
>4 500（3 870）	≤ 60	≤ 68

（4）循环风量

循环风量是指空调器在新风门和排风门完全关闭的情况下，单位时间内向密闭空间、房间或区域送入的风量，即房间内侧空气循环量，其单位为 m^3/h（m^3/s），也就是每小时流过蒸发器的空气量，这是一个十分重要的参数。

在同等进风条件、相同风量的前提下，同牌号同规格的空调器，出风温度低的空调器制冷量就大。如果空调器增大风量，必然造成出风温度较高，噪声也将增大；如果风量太小，虽噪声下降，制冷量有所增加，但电耗也增加，性能系数反而下降。为此，空调器风量应选取最佳值，以使它发挥最佳效能。

六、检测和评价

1. 判断题（每题 10 分，共 50 分）

（1）KFR-35W 表示制冷量为 3 500W 的分体式挂壁式热泵型房间空调的室内机组。（　　）

（2）额定输入功率是指在标准工况下制冷或制热空调器所消耗的功率。（　　）

（3）空调器的噪声一般要求低于 90dB。（　　）

（4）如果空调器增大风量，必然造成出风温度较高，噪声也将增大。（　　）

（5）空调器风量应选取最大值，以使它发挥最佳效能。（　　）

2. 填空题（每空 5 分，共 50 分）

（1）空调器的作用是对空气进行_____和_____（简称四度）的处理。

（2）制冷量是指_____。

（3）空调器按制冷、制热功能可分为_____和_____。

（4）空调房间内空气的流动速度对人体的舒适有很大的影响，一般应使人无吹风感为宜，通常，空调房间气流速度在夏季为_____以下，在冬季为_____以下。

（5）窗式空调器的噪声是由_____和_____产生的。

（6）在使用空调器时，调整室内外温差，一般以不超过_____℃为好。

项目二 家用空调器 55

任务二 拆卸空调器

在空调器的生产和维修过程中,常常需要更换元器件,这就要求学生必须熟悉空调器的构造,并能够拆卸空调器,这样才能保证生产和维修的质量。

一、任务描述

本任务要求将空调器室内机的主要组成部分(室内机外壳、电路部分、制冷部分)及室外机的主要组成部分(室外机外壳、电路部分、制冷部分)进行拆卸。通过完成这一任务,学生应掌握空调器的基本结构,学会正确拆卸空调器主要部件。完成这一任务需要走进实训室,预计用时90min,其作业流程见图2.2.1。

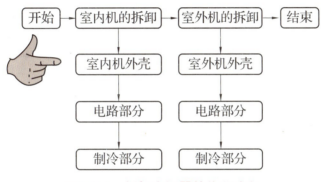

图2.2.1 拆卸空调器的作业流程

二、任务目标

1)会拆装空调器的室内机和室外机。
2)了解空调器的基本结构。

三、作业进程

1.室内机的拆卸

(1)室内机外壳的拆卸

以1P分体式空调器内机外形结构为例,其拆卸方法分6步进行,见图2.2.2。

第一步:将位于空调器前部的吸气栅掀起,见图2.2.2(a)。在吸气栅的两侧分别有两个按扣,用手稍按按扣即可使按扣与卡子脱离。

第二步:在卡子位置向上掀起吸气栅,然后向下取下即可卸下位于空调器前部的吸气栅,见图2.2.2(b)。

第三步:抽出位于吸气栅和蒸发器之间的空气过滤网,在抽取的时候,先向上轻轻推动空气过滤网,待其移出外机壳后,再将其向外移出即可,见图2.2.2(c)。

第四步:将垂直导风板稍掀起,露出3个卡扣,再用螺钉旋具将卡扣撬起,露出里面的

3颗固定螺钉,见图2.2.2(d)。

第五步:用十字螺钉旋具小心地取下3颗固定螺钉,见图2.2.2(e)。

第六步:轻轻护住前盖板两侧,再将前盖板轻轻上翻,即可将前盖板取下,此时露出室内机内部的电路及制冷部件,见图2.2.2(f)。

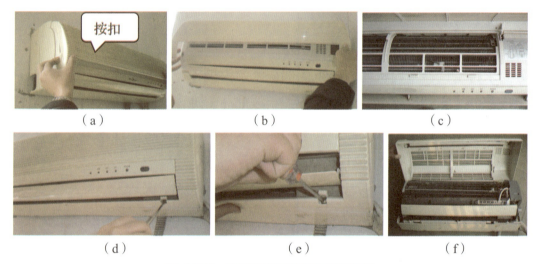

图2.2.2 空调器室内机外壳的拆卸

(2) 室内机电路及制冷部分的拆卸

室内机的电路主要由遥控接收与指示灯电路板、室温感温头、保护外壳下的电源电路板、垂直风向叶片电动机等组成;制冷器件由冷凝器、风向叶片组件等组成,见图2.2.3。

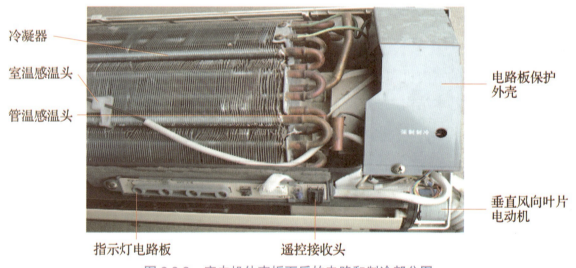

图2.2.3 室内机外壳拆下后的电路和制冷部分图

1) 电源和控制电路板的拆卸。电源和控制电路板作为空调器的重要组成部分,其拆卸过程见图2.2.4。

第一步:用螺钉旋具卸下电源和控制电路板保护外壳的固定螺钉,用手轻轻向外掰动机壳,将电路板固定模块与内机外壳的卡子脱离并取出,见图2.2.4(a)。

第二步:用螺钉旋具卸下板固定模块上电源变压器的固定螺钉,取出电源和控制电路板及变压器,见图2.2.4(b)。

第三步：用螺钉旋具卸松接线端子板连接线螺钉，取下外机控制连接线及风扇电动机电源线和控制线在电路板的接头，取出电路板，见图 2.2.4（c）。

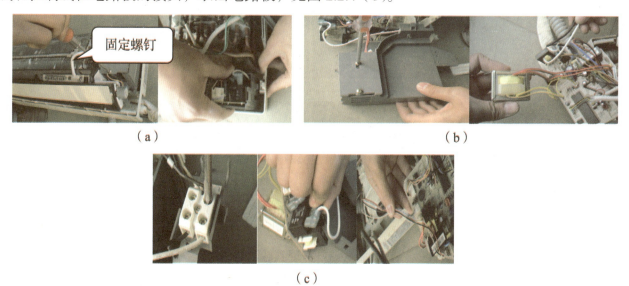

图 2.2.4　电源和控制电路板的拆卸

2）遥控接收和指示灯面板部分的拆卸。遥控接收和指示灯面板部分对空调器工作状态起着指示作用，其拆卸过程分 3 步进行，具体步骤见图 2.2.5。

第一步：用螺钉旋具卸下遥控接收和指示灯面板部分固定螺钉，见图 2.2.5（a）。

第二步：向左移动遥控接收和指示灯面板，将卡子退出卡扣，再向外取出遥控接收和指示灯面板，见图 2.2.5（b）。

第三步：拔出遥控接收和指示灯面板在电路板上的接头，即可取下遥控接收板和指示灯面板，见图 2.2.5（c）。

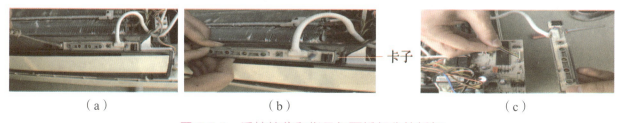

图 2.2.5　遥控接收和指示灯面板部分的拆卸

3）室温感温器和管温感温器的拆卸。室温感温器和管温感温器是空调器控制电路工作的基础和前提，其拆卸过程见图 2.2.6。

第一步：将室温感温头的探头从卡槽上取下，拔下室温感温头在电路板上的插头，即可卸下室温感温器，见图 2.2.6（a）。

第二步：用一字螺钉旋具将管温感温头向外拔出，拔下室温感温头在电路板上的插头即可拆卸下的管温感温头，见图 2.2.6（b）。

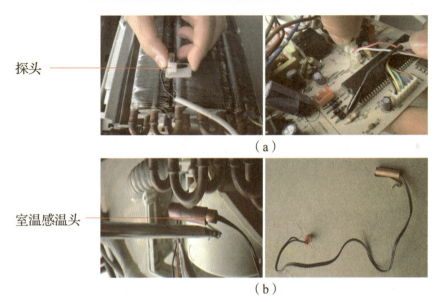

图 2.2.6　室温感温器和管温感温器的拆卸

4）风向叶片电动机及组件的拆卸。风向叶片组件安装在支架上，它主要由垂直风向叶片、水平风向叶片和驱动电动机组成。当空调器室内机工作时，该电动机旋转，即可带动垂直风向叶片上下翻转，从而实现垂直风向的调节。风向叶片电动机及组件的拆卸方法见图 2.2.7。

第一步：用螺钉旋具卸下垂直风向叶片驱动电动机的固定螺钉，用手拔下垂直风向叶片驱动电动机在电路板上的插头，见图 2.2.7（a）。

第二步：用手使风向叶片组件与机壳的卡扣脱离，轻轻向上抬起，即可取出风向叶片组件，见图 2.2.7（b）。

图 2.2.7　风向叶片电动机及组件的拆卸

5）蒸发器的拆卸。蒸发器是空调器室内机的管路部件，通过连接管路与室外机相连，是制冷部分的重要组成部件。其拆卸方法见图 2.2.8。

第一步：用螺钉旋具卸下蒸发器紧靠风扇电机的 3 颗固定螺钉，再卸下蒸发器另一侧与机壳的固定螺钉。

第二步：向上抬起蒸发器，将其从送风风扇组件上取下。

图 2.2.8　蒸发器的拆卸

> **友情提示**
>
> 蒸发器的连接管路已经被弯制成型，分离蒸发器时一定要注意到管路的弯制形状，以免造成管路弯折。

6）送风风扇电动机及组件的拆卸。送风风扇组件主要是由送风风扇和驱动电动机两部分构成，其拆卸方法见图 2.2.9。

第一步：用螺钉旋具卸下固定螺钉，松开固定风扇电动机保护外壳的卡扣，取下保护外壳，见图 2-2-9（a）。

第二步：用螺钉旋具卸下风扇电动机与送风风扇主轴处螺钉，取出送风风扇组件，也可将风扇电动机单独取出，见图 2.2.9（b）。

图 2.2.9　送风风扇电动机及组件的拆卸

2. 室外机的拆卸

（1）室外机外壳的拆卸

空调器室外机外壳的拆卸与室内机相比较要简单一些，只要取下外壳上的几颗螺钉即可，见图 2.2.10。用螺钉旋具将空调器外壳上的螺钉依次卸下，即可取下空调器室外机的外壳，见图 2.2.10。

图 2.2.10　空调器外壳的拆卸

（2）室外机电路部分的拆卸

空调器室外机电路部分比较简单，主要由接线盒、压缩机启动电容、风机启动电容等部分组成。

1）压缩机启动电容的拆卸。拆卸压缩机电容的步骤见图2.2.11。

第一步：用螺钉旋具卸下固定启动电容器卡子的螺钉，取下压缩机启动电容半环形卡子，见图2.2.11（a）。

第二步：用手拔下压缩机启动电容引线的两根插头，即可卸下压缩机的电容器，见图2.2.11（b）。

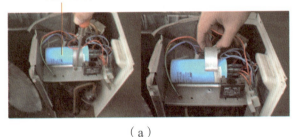
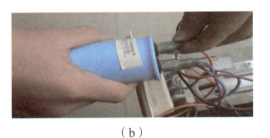

图 2.2.11　压缩机启动电容的拆卸

2）风扇电动机启动电容的拆卸，见图2.2.12。风扇电动机启动电容的拆卸步骤为先用手拔下风扇启动电容引线插头，再用螺钉旋具卸下风扇启动电容固定螺钉，即可卸下风扇电动机启动电容。

图 2.2.12　风扇电动机启动电容的拆卸

3）过载保护器的拆卸，见图2.2.13。

第一步：用螺钉旋具卸下压缩机端子板上的螺钉，取下端子板，见图2.2.13（a）。

第二步：用螺钉旋具卸下固定保护帽的螺钉，取下过载保护器的保护帽，用手拔掉连接过载保护器的连接线，向上取出过载保护器，见图2.2.13（b）。

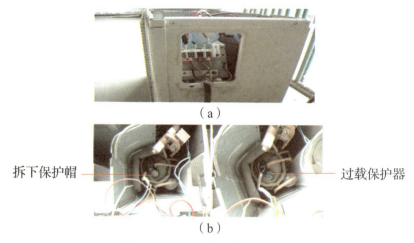

（a）

拆下保护帽　　　　　　　　　　　　　　　　　　过载保护器

（b）

图 2.2.13　过载保护器的拆卸

（3）制冷部件的拆卸

空调器室外机的制冷部件主要包括压缩机组件、轴流风扇组件和制冷管路部分。

轴流风扇组件的拆卸见图 2.2.14。轴流风扇组件的拆卸步骤为：先用活动扳手卸下轴流风扇中心的固定螺钉，即可取下风叶；再用螺钉旋具卸下风扇电动机的固定螺钉，即可取下风扇电动机。

图 2.2.14　轴流风扇组件的拆卸

友情提示

在用活动扳手取下轴流风扇中心螺母时注意，这里的螺钉为反丝，在拆卸的时候，应顺时针方向转动活动扳手。

压缩机组件级管路的拆卸会伴随着管路的加工与焊接操作，这里不再详述。另外，空调器的安装过程为拆卸的逆过程，这里不再赘述。

【做一做】你学会空调器的拆卸了吗？实践操作一次，检测自己的技术水平吧。

四、技能测评

在学习完"拆卸空调器"这一任务后，你掌握了哪些知识与技能？请按照表 2.2.1 进行评价。

表 2.2.1　空调器拆卸评价表

序号	项目	测评要求	配分	评分标准	自评	互评	教师评价	平均得分
1	室内机拆卸	能对室内机进行拆卸	40	对室内机组拆卸不全面，扣20分				
2	室外机拆卸	1. 正确对空调器各接线端进行连接；2. 对室外机进行拆卸	60	1. 不能正确对接线端进行连接，扣30分；2. 对室外机组拆装不全面，扣30分				
	安全文明操作	违反安全文明操作规程（视实际情况进行扣分）						
	额定时间		每超过5min扣5分					
开始时间		结束时间		实际时间		成绩		
综合评价意见								
评价教师				日期				
自评学生				互评学生				

五、知识广角镜

1. 单冷型窗式空调器

（1）制冷系统的工作过程

压缩机吸入来自蒸发器的低温低压 R22 过热蒸气，将其压缩成高温高压过热蒸气，送入冷凝器中。蒸气向室外侧空气放出冷凝热，变成高压过冷液，经毛细管节流降压后进入蒸发器，吸收室内侧空气的热量后变成饱和蒸气，经回气管过热，被压缩机吸入，如此循环往复。

（2）风路系统

室内侧空气在离心风扇作用下，水平进入空调器，经空气过滤网滤尘后，与蒸发器中的制冷剂进行热交换，失去部分热量和水分，然后由离心风扇从一侧送回室内。经过反复循环，以达到给室内空气降温去湿、除尘和改变气流速度的目的。

室外侧空气在轴流风扇作用下，从空调器左右两侧百叶窗进入空调器，与冷凝器中的制冷剂进行热交换，吸收制冷剂的冷凝热后以水平方向排出空调器，达到给制冷剂散热的目的。

2. 分体式空调器的工作原理

（1）单冷分体式空调器工作原理

其工作过程为，从室外机组进入室内机组的液态制冷剂 R22 进入室内换热器（蒸发器），与房间内空气进行热交换。液态制冷剂 R22 由于吸收房间内空气中的热量由液体变成气体，其温度和压力均未变化,而房间内的空气由于热量被带走,温度下降,冷气从出风口吹出。

液态制冷剂 R22 在室内被汽化后,进入室外侧压缩机中,由压缩机压缩成高温高压的气体,然后排入室外热交换器(冷凝器)中。高温高压的气态制冷剂在冷凝器中与室外空气进行热交换,被冷却成中温高压的液体,而室外空气吸收热量温度升高后被排到外界环境中。

由冷凝器出来的中温高压液体必须经过节流装置减压降温,使其温度和压力均下降到原来的低温低压状态。一般情况下,分体挂壁式空调器采用毛细管节流。

在制冷过程中,蒸发器表面的温度通常低于被冷却的室内空气的露点,凝结水不断从蒸发器表面流出,所以分体挂壁式空调器需要有凝结水排出管。

(2) 热泵型分体式空调器工作原理

其循环原理与单冷型相同,只是在系统中增加了一个电磁换向阀,用来转换制冷剂的流向。制冷时,从压缩机出来的高温高压气体排向室外侧换热器,冷凝后经毛细管节流将低温低压的 R22 液体排向室内侧,吸收室内热量;制热时,从压缩机出来的高温高压气体排向室内侧换热器,使室内温度升高,而 R22 在室内被冷凝成液体,经节流后排到室外换热器,通过吸收室外环境的热量将液体蒸发成气体,再进入压缩机进行下一次循环。

3. 分体柜式空调的工作原理

空调器制冷时,压缩机将高温高压的气态制冷剂排到冷凝器中,轴流风扇通过吸入室外空气来冷却冷凝器;同时,将热空气排到室外。这时,气态制冷剂冷凝成高压的液态制冷剂,通过室内、外机组的连接管进入毛细管,经节流降压后再进入蒸发器中,蒸发过程中吸收室内空气中的热量,室内空气冷却降温后再由离心风扇吹到室内。蒸发器内汽化后的制冷剂气体,通过室内、外机组的连接管,被压缩机吸入,经压缩后变成高温高压的制冷剂气体,再排入冷凝器中冷凝放热,这样周而复始,完成连续的制冷过程。

六、检测与评价

1. 判断题(每题 10 分,共 50 分)

(1)遥控接收和指示灯面板部分对空调器工作状态起着指示作用。( )

(2)在制冷过程中,蒸发器表面的温度通常高于被冷却的室内空气露点。( )

(3)由冷凝器出来的中温高压液体必须经过节流装置减压降温,使其温度和压力均下降到原来的低温低压状态。( )

(4)分体挂壁式空调器采用毛细管节流。( )

(5)室温感温器和管温感温器是空调器控制电路工作的基础和前提。( )

2. 填空题(每题 10 分,共 50 分)

(1)送风风扇组件主要是由_____和_____两部分构成。

(2)风向叶片组件安装在支架上,主要由_____、_____和_____组成。

(3)空调器室内机的电路主要由_____、_____、_____、_____等组成。

（4）空调器外机电路部分比较简单，主要由_____、_____、_____等部分组成。

（5）空调器制冷时，压缩机将高温高压的气态制冷剂排到_____，轴流风扇通过吸入_____来冷却冷凝器。

任务三　安装空调器

常言道，空调是"三分质量，七分安装"，怎么安装空调呢？本任务就来完成空调器的安装。图 2.3.1 所示为空调器的安装。

图 2.3.1　空调器的安装

一、任务描述

本任务是安装一台壁挂式空调器。通过完成本任务，学生可掌握空调器的安装流程，了解空调器安装过程中的注意事项，学会安装空调器。完成这一任务需要走进实训室，预计用时 120min，其作业流程见图 2.3.2。

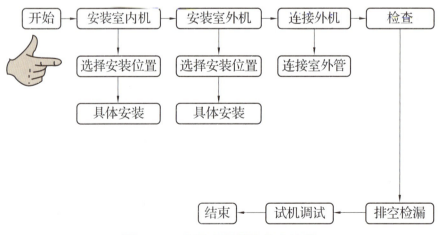

图 2.3.2　安装空调器的作业流程

二、任务目标

1）会安装空调器。

2）掌握空调器安装的安全注意事项。

3）了解上门服务的基本知识。

三、作业进程

1.室内机安装

（1）室内机位置的选择

1）避免阳光直射。

2）远离热源、蒸气源、有易燃气体泄漏及有烟雾的地方。

3）进出口无障碍物，保持空气良好循环。

4）排水管排水方便。

5）挂机室内机距地板安装高度应大于 2.3m，左右两侧和顶部距墙体距离应大于 15cm，背面须紧贴墙壁（见图 2.3.3）。

6）柜机室内机左右两侧距墙体距离应大于 15cm，背面距墙体距离应大于 15cm（见图 2.3.4）。

7）距离无线电设备（如电视机、收音机等）大于 1m 的地方。

8）安装在空调器不会被溅上水或受潮的地方。

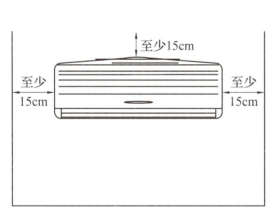

图 2.3.3　室内挂机位置选择

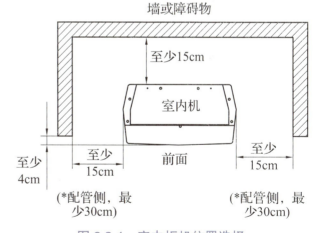

图 2.3.4　室内柜机位置选择

（2）室内机的安装

空调器室内机安装在房间内，好的安装可以美化室内的装修，反之，则可能影响室内装修，甚至影响使用效果。在进行壁挂室内机安装时，要注意挂墙板的水平度和牢固度；在进行分体立柜式室内机安装时，要注意水平度与稳定度。以壁挂式室内机为例，安装方法和步骤见图 2.3.5。

第一步：固定室内机挂板，取出内机挂板及固定螺钉，用水平尺找平，将内机挂板先固定在室内墙上合适的位置，见图 2.3.5（a）。

第二步：连接室内机气管和液管，将盘卷的配管理直，分清气管和液管（气管较粗，液管较细）。将室内机的气管与配管的气管相连接，内机的液管与配管的液管相连，内机外壳管道出口方向开口，见图 2.3.5（b）。

第三步：包扎管道，用空调水管将内机的水管加长，让其足够长，可接至室外。用白胶带将配管、水管、电源线包扎起来，包扎时胶带一圈叠压一圈，并以 45°角向前推移，注意排水管应包扎在管道下方，见图 2.3.5（c）。

第四步：将室内机挂到挂板上，完成分体式空调器室内机的安装，见图 2.3.5（d）。

第五步：钻孔穿管。首先，在墙上钻一个 5.5cm 左右的洞，管孔向外稍微倾斜，见图 2.3.5（e）。钻洞时，注意钻口平滑，不能太大，太大则室外水易流入；也不能太小，太小则线不易穿出。然后，将配管、水管、电线穿出室外，注意穿管时不能将配管折弯。折弯可能会影响制冷剂的循环及水路的畅通。

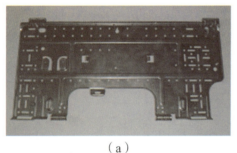
（a）

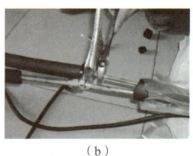
（b）

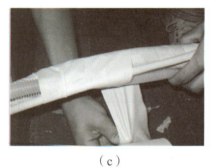
（c）

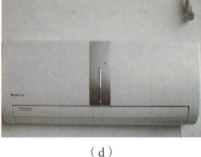
（d）

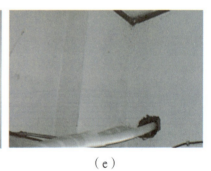
（e）

图 2.3.5　空调器室内机的安装

友情提示

1）空调器的安装要符合国家发布的安全和运行标准。

2）在需要安装或移动空调器时，应请专业制冷安装维修人员操作，非专业人员安装的空调器普遍容易产生问题，造成损失。

3）用户应提供满足安装和使用的电源。可使用的电压范围是 198~242V，超出此范围将影响空调器正常的工作，所以必要时挂机使用 3kV·A 以上稳压器，柜机须使用 6kV·A 稳压器。

4）空调器应按照国家布线规则进行安装。

5)在用扳手进行紧固时,要求用力均匀,气管和液管连接要紧密,不能留有空隙。接口必须干净,不能有杂质,否则会出现缓漏故障。

6)包扎时线扎紧,不能损坏保温层和管道,水管和线分在配管的两边包扎,水管应放在管道下部。扎到一定距离时,先将室内的电源线列出,再依次将水管、外机的电源线以及传感器的边线列出;扎到尾部时,要把气管和液管分开包扎。

7)安装过程中,室内挂机应水平安装。

8)空调器管道出外墙后若向上走管,应在出墙后做成回水弯后再向上走管。

2. 安装室外机

(1) 室外机位置选择

1)避免阳光直射。

2)远离热源、蒸气源、有易燃气体泄漏及有烟雾的地方。

3)选择不易受雨淋并且通风良好的地方。

4)安装基础应坚实可靠,否则会增大运转噪声和振动。吹出的风及运转噪声不能影响他人或动植物。

5)确保安装尺寸不小于图2.3.6的要求。

6)出风口建议敞开使用,若有障碍物,会对性能产生影响。

7)室外机组不应占用公共人行道,沿道路两侧建筑物安装的空调器,其安装架底部(安装架不影响公共通道时,可按水平安装面)距地面的距离应大于2.5m。

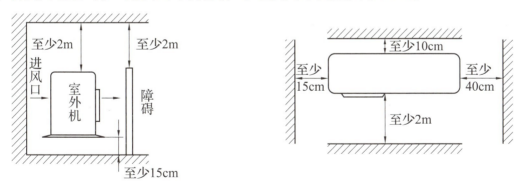

图2.3.6 室外机安装位置

(2) 室外机的安装

完成室内机的安装后,就可以对室外机进行安装了。室外机的安装在空调器的安装中是十分重要的。空调器安装的成功与否很大程度上取决于室外机的安装,具体步骤见图2.3.7。

第一步:在室外安装支架,根据空调器支脚尺寸在实心承重墙体上打孔(4个或4个以上,由安装人员根据情况而定),确定安装左右托架的位置,必须保证左右托架处在同一水平面上,用4颗M10×100金属膨胀螺钉将安装支架固定在实心承重墙体上,见图2.3.7(a)。

第二步：区分室外机供电的接线柱，连接室外机导线，见图2.3.7（b）。室外机的供电是通过室外机接线端子完成的，1、2号为压缩机接线端子，3号接地，4号端子为四通阀电源，5号端子为风机电源，另外一根线为热敏电阻的连线。

第三步：连接室外机的液阀和气阀［见图2.3.7（c）］，下面比较大的一个为气阀，上面较小的一个为液阀。先将扩口管两端喇叭口对准室内外相应的螺纹接头中心，用手将扩口螺母充分旋紧，然后用力矩扳手旋紧扩口螺母，直到力矩扳手发出"咔嗒"声。连接时，注意先将配管弯成合适的弯度再连接。

第四步：进行排空操作［见图2.3.7（d）］。具体做法是，先取下液阀和气阀的阀帽，将连接于气阀上的喇叭口螺母松动1/4圈左右；再用内六角将小阀的阀芯逆时针旋转1/4圈，保持10s后关闭。气体由粗管的喇叭口处排出，待无气体排出时，按照规定的转矩将喇叭口螺母拧紧。

第五步：打开大小阀［见图2.3.7（e）］。完成排空操作，用活动扳手拧紧大阀气管的接口后，再用六角板手完全打开大小阀门，盖上阀门盖。

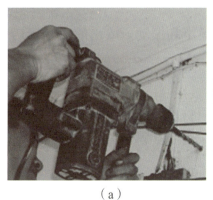
（a）

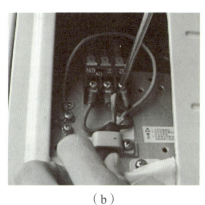
（b）

（c）

（d）

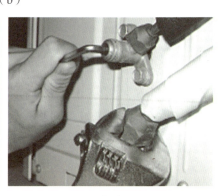
（e）

图2.3.7 室外机的安装

友情提示

1）在安装室外机支架时，紧固件必须拧紧，连接应牢固可靠。按墙体结构的不同，应采用不同的安装方式。

2）安放室外机时，机身应用绳子吊住，以防落下。

3）安装或维修时，应避免工具或零部件落下。

4）定期检修安装支架的可靠性。

5）选用的安装支架应符合 GB 17790—2008 的规定。

6）连接配管时，推荐使用相应的力矩扳手，若使用其他活动扳手或固定扳手，会因用力不当而损坏喇叭口。

7）配管的弯曲半径不能太小，否则配管可能折断或破裂。所以，安装人员在弯曲配管时，应用弯管器。

8）排空操作整个过程约 10s，此时从大阀排出的空气应有冷感，说明空气已排尽，排空操作完成。

3. 连接外机

空调器室外机接线端子见图 2.3.8。连接室外机导线的步骤如下：将电源连接线和信号控制线的另一端从室内侧穿过穿墙孔到室外侧。松开接线螺钉，同时松开导线夹压板上的螺钉，取下上压板再按照外机上接线标签的标识接线，旋紧螺钉，将所有电线放于导线夹下压板上，盖上上压板，旋紧压线螺钉即可。

图 2.3.8　空调器室外机接线端子

友情提示

1）接线技巧。一般情况下，空调器的电源线用颜色区分，接线端子上也与电源线上颜色一致。因此，在接线时应注意线的颜色要与接线端子上的颜色一致。接好线后，将多余的线整理好放到接线盒中，再盖上接线盒即可。

2）导线夹一定要夹在电线双重绝缘保护层最外层。

3）接地螺钉必须用专用螺钉（不锈钢机制螺钉）。

4）一定要确认各线已接牢，不会松动或脱落。

5）一定要确认电线连接是按接线图进行的。

6）内外机组电源连接线必须使用 GB/T 5013.2—2008 所规定的 YZW 线或同等规格及以上的线；带插头电源线使用 RVV 型导线。

4. 检查

安装好空调器后，还要进行检查，检查工作主要分两步进行，具体操作见图 2.3.9。

第一步：检查制冷系统是否漏气，可以采用皂水检漏法。在大小阀上涂皂水，如果出现气泡，则说明系统密闭不严，应重新连接。

第二步：检查系统水路是否畅通，能不能正常出水，是否出现回流。若不能正常出水，说明有水路不通，看水管是否被压住，或是孔钻太高。检查方法为将室内机前面板掀起，用矿泉水瓶装水小心倒入室内热交换器，看水是否能顺利排出室外。

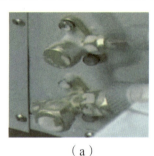 

（a）　　　　　　　　　　　（b）

图 2.3.9　安装后的检查

在空调器全部正确安装完成、检漏及安全检查后，必须开机运转，进行试机。具体步骤如下：

1）按控制面板上的"开/关机"按钮，空调器进入运转。

2）仔细检查空调器在运行中有无异常现象。

3）再按一次"开/关机"按钮，运转停止。

4）按遥控器上的"开/关"按钮也可以检查运转。

注意：在使用中，空调器停机后重新上电及运转模式切换时，约 3min 后压缩机才能启动，这是设置的保护功能而非机器故障。

同学们，学会安装空调器了吗？现在请大胆操作吧！

【做一做】请同学们尝试自己安装一台空调器。

四、技能测评

在学习完"安装空调器"这一任务后，你掌握了哪些知识与技能？请按照表 2.3.1 进行评价。

表 2.3.1　空调器安装操作评价表

序号	项目	测评要求	配分	评分标准	自评	互评	教师评价	平均得分
1	室内机的安装	1. 会正确选择室内机安装位置； 2. 会换气孔和穿墙孔正确钻法； 3. 会正确安装挂机板； 4. 会正确连接室内机管路； 5. 会正确连接室内机电源线	40	室内机安装错误，每错一步扣8分				

续表

序号	项目	测评要求	配分	评分标准	自评	互评	教师评价	平均得分
2	室外机的安装	1. 会室外机安装位置的正确选择和安装； 2. 会室外机和室内机管路的正确连接； 3. 会室外机和室内机配线的正确连接； 4. 会排除管内的空气； 5. 会检查制冷剂的泄漏	60	室外机安装错误，每错一步扣12分				
安全文明操作		违反安全文明操作规程（视实际情况进行扣分）						
额定时间		每超过5min扣5分						
开始时间		结束时间		实际时间		成绩		
综合评价意见								
评价教师			日期					
自评学生			互评学生					

五、知识广角镜

1. 空调器安装规范

（1）准备工作

在需要安装空调器的地方进行测量勘察。室外机安装位置应符合以下要求：地面或墙体要能承受机体的质量及振动；安装的部位要便于操作、调整与维修；外机运转时发生的噪声及冷（热）风、冷凝水不能影响他人的工作、学习和生活；外机周围不能有可燃性气体泄漏；外机尽可能安装于背光地方。

空调器室内机安装位置应符合以下要求：避免太阳直射在机组上，远离热源；内机的进、出风口处，不应有障碍物；测量内、外机之间的距离，内、外机之间距离应小于5m，大于5m应准备新的连接铜管；测量内、外机之间位差。内、外机之间位差（即垂直高度）距离应小于3m，否则会降低空调器的制冷能力，增大压缩机负荷，引起过载启动。

（2）空调安装

首先，根据上述原则确定内、外机位置后，立即安装好内机挂板，待外机与内机挂板安装牢固以后，再把连接管整理平直，查看管道是否有弯瘪现象。然后，应检查两端喇叭口是否有裂纹，如有裂纹，应重新扩口，否则会漏氟。最后，检查控制线是否有短路、断路现象，在确定管路、控制线、出水管良好后，将它们绑扎在一起并密封好连接管口。过墙时应小心将配管缓慢穿出，避免拉伤；连接好管道与内、外机，并接好控制线。

安装完成后,应排除管道和内机中的空气,然后检漏、开机试运行。

(3) 运行调试

空调器安装完毕,应铺设独立的空调器使用电源线路,家用分体式空调器的电源线一般用 $\phi1.5 \sim \phi2mm$ 三股铜芯线。插座为220V、16A规格。

通电前先检查电压,再用遥控器启动运行。室外机工作以后,检查运行电流是否与铭牌标注相一致,在额定电压下,如运行时的电流小于铭牌标注的电流,可视为氟利昂量少,不急于加氟,可继续观察管道接头处的结露或结霜情况。

任何一台分体式空调器正常运行应符合下列条件:低压压力 $4.9 \sim 5.4 kg/cm^2$;连接管只能结露,不能结霜;运行电流与铭牌标注一致;内机出风口温度符合要求,即夏季 12℃~16℃,冬季 35℃~40℃;室内温度,夏季 25℃~28℃,冬季 18℃~23℃。

(4) 补充制冷剂

在空调器安装中,只要按操作规范要求去做,开机运行后制冷良好,就不需添加制冷剂。但对于使用中的微漏或在移机中由于排空时动作迟缓,制冷剂会微量减少,或由于移机中管道加长等因素,空调器在运行一段时间不能满足正常运行的4个条件(即压力低于 $4.9kg/mm^2$,管道结霜,电流减少,内机出风温度不符合要求)时,必须补充制冷剂。

运行中加制冷剂,必须从低压侧加注。加制冷剂前,先旋下室外机低压气体截止阀维修口上的工艺帽,根据公、英制要求选择加气管;用加气管带顶针端,把加气阀门上的顶针顶开与制冷系统连通,另一端接三通表。用另一根加气管一端接三通表,另一端接R22气瓶,并用系统中制冷剂排出连接管的空气。听到管口"吱吱"声1~2s,表明空气排完,拧紧加气管螺母,打开制冷剂瓶阀门。通电启动空调器,把气瓶倒立,缓慢加氟。当表压力达 $4.9 \sim 5.4 kg/cm^2$ 时,表明制冷剂已充足。关好瓶阀门,使空调器继续运行,观察电流、管道结露现象,当室外机水管有结露水流出时,低压气管截止阀结露,确认制冷状况良好,卸下低压气体维修工艺口加气管,旋紧外保险帽,充注制冷剂工作完成。至此,制冷剂补充工作全部结束。

2. 柜机的安装

柜式空调器的安装步骤与挂壁式空调器类似,只是在安装室内机的时候方法略有不同,柜式空调器室内机的安装分步骤如下。

1)据室内机安装位置和室外机安装位置确定穿墙孔的位置。

2)根据选定的位置钻孔,钻孔直径约80mm,孔应稍向室外侧倾斜,并安上穿墙帽(见图2.3.10)。

3)室内机要求水平安装,前后左右的倾斜度均在1°以内。

4)使用2块安装板将室内机固定在墙上(见图2.3.11)。

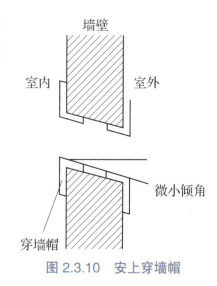

图 2.3.10 安上穿墙帽

5) 配管、排水管、电线可按图 2.3.12 进行连接。

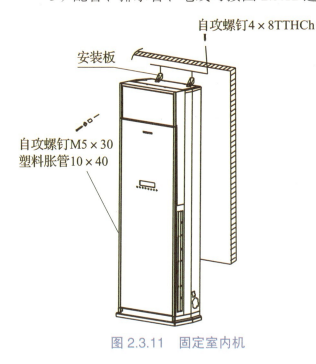

图 2.3.11 固定室内机

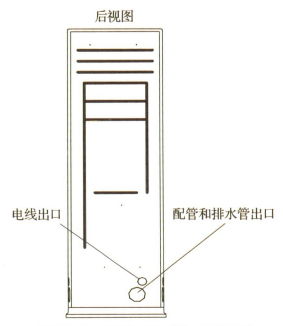

图 2.3.12 配管、排水管、电线连接

6) 拨开左侧进风口摆叶，取下 2 个螺钉，旋转打开下面板组件，见图 2.3.13。

7) 用铁锤敲去室内机出管侧的接管孔盖，上好塑料防护套。

8) 将粗管和细管从接管孔穿入室内机并与室内机的大小管接头接好，在接头处分别用绝热衬垫将其包扎好，见图 2.3.13。

9) 用 PVC 保护带将排水软管、配管、机组连线包扎在一起。

10) 将包扎好的配管、机组连线另一端与室外机连接。

11) 若室外机有阀门罩、电装盖或侧板，应卸下阀门罩、电装盖或侧板。

12) 管口部分用随机附带的绝热衬垫缠好，将缝隙封严并防止配管被割伤，见图 2.3.14。

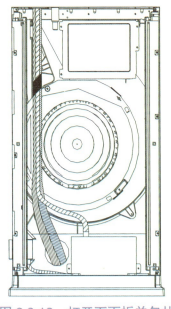

图 2.3.13 打开下面板并包扎

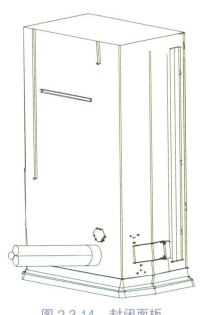

图 2.3.14 封闭面板

六、检测和评价

1. 判断题（每题10分，共50分）

（1）安装空调器时，应尽量满足厂家要求的各种条件和技术要求。（　　）

（2）空调器最好使用专线供电，不允许和其他电气设备共用一个电源插座。（　　）

（3）空调器的电源线应选用专门动力线，不能使用一般的照明线。（　　）

（4）在空调器安装完成后，要进行通电试运行。（　　）

（5）在空调器运行中加制冷剂，必须从低压侧加注。（　　）

2. 填空题（每题10分，共50分）

（1）KF-25GW型空调器，其电源线一般采用截面积为_____的铜芯线。

（2）空气过滤网一般要_____清洗一次。

（3）壁挂式空调器的室外机组主要由_____、_____、_____、_____等组成。

（4）空调器外机接线端子上，1、2号端子接_____，3号端子接_____，4号端子接_____，5号端子接_____。

（5）空调器安装完毕后，检查工作主要分_____和_____两步进行。

任务四　判断空调器的故障

空调器长时间工作后，或多或少会出现一些故障，需要对其进行维修。要维修空调器，需要根据空调器的故障现象，先判断出故障部位，再排除故障。因此，掌握空调器故障判断方法，在空调器的维修中尤其重要。

一、任务描述

本任务以分体式空调器为例，通过"摸""看""听""测"4个方面学习空调器的故障判断方法。通过完成本次任务，学生应了解空调器正常工作时各个部位的表现情况，学会判断空调器制冷系统和电气系统的故障。完成这一任务大约需要90min，其作业流程见图2.4.1。

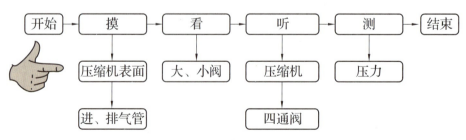

图2.4.1　判断空调器的作业流程

二、任务目标

1）会判断空调器室内机故障和室外机故障。
2）掌握判断空调器故障的基本方法。

三、作业进程

在空调器的故障判断中，首先要能区分故障是在电气控制系统还是在管路系统。空调器的故障很多，如不制冷、不制热或制热制冷效果差、温度控制不正常等故障现象，有可能是管路系统的故障，也有可能是电气控制系统的故障。故障原因不同，处理的方法也不同，所以首先要能区分故障是在电气控制系统还是在管路系统。通常我们用"摸""看""听""测"4个方法判断空调器故障部位。

1. 摸

摸就是用手触摸，根据手的感觉来确定故障部位，如用手触摸室内外机出风风量、温度情况，可判断风机是否有问题、制冷系统是否正常、风道是否畅通等情况。用手触摸制冷系统各关键部位可判断制冷系统的故障原因。具体方法见图2.4.2。

第一步：用手触摸空调器压缩机进气管的温度，见图2.4.2（a），在空调器正常工作时，压缩机的回气管应该是凉的，大约为15℃。

第二步：用手触摸空调器压缩机排气管的温度，见图2.4.2（b），在空调器正常工作时，压缩机排气管应该是热的，为50℃~70℃。

第三步：用手触摸空调器压缩机表面的温度，见图2.4.2（c），在空调器正常工作时，往复式压缩机机壳的温度大约为50℃，旋转式压缩机机壳的温度大约为90℃。若温度过高，则说明压缩机电流过大，负载过重（如制冷剂过量，或是电压不足）。

第四步：用手触摸空调器蒸发器进出风口的温度，见图2.4.2（d），在空调器正常工作时，蒸发器的出风口应该有冷空气吹出，进风口和出风口的温度差为8℃~13℃。

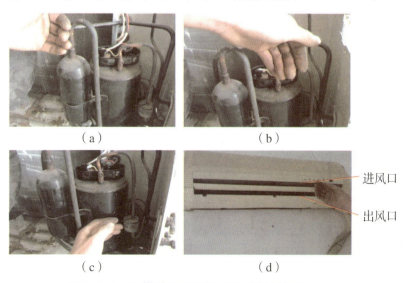

图2.4.2 用摸的方法判断空调器的故障

> **友情提示**
>
> 1）如果回气管不凉、排气管不热，会造成不能制冷或都制冷效果差，具备以上情况说明制冷系统工作良好。
>
> 2）通过以上触摸，可判断制冷系统工作情况，若温度不正常，则说明制冷系统缺少制冷剂或制冷系统中有堵故障。

2. 看

看就是通过眼睛观察，发现故障部位。观察时，应重点观察以下几个部位：

1）看外机大小阀处螺母是否破裂。

2）看风外机接头连接部位是否有油渍，可以找出漏点。

3）看室外机风叶是否被异物卡死。

4）看室内机蒸发器表面结露情况。若蒸发器表面结霜，从出风口会吹出水滴，原因可能是室风机风小或是制冷剂不足，见图 2.4.3。仔细观察空调器室外机大小阀的结霜情况。从图 2.4.3 可以看出，大小阀已经结霜。

图 2.4.3 看大小阀结霜情况

> **友情提示**
>
> 结露结霜情况：在夏季，空调器的大阀和小阀应该结露或滴水，如果出现制冷剂不足或系统轻微堵塞（也会结霜，但是霜会化掉），就会出现小阀结霜的现象，要进行排堵或加制冷剂。如果出现制冷剂充入过量，就会出现大、小阀均结霜的现象。

3. 听

听就是通过听空调器发出的声音来判断故障的部位，见图 2.4.4。

第一步：听压缩机运行时的声响，空调器正常工作时，压缩机和风扇都会有正常的声响，停机时应该能听到"呲"的越来越小的气流声，气流声应低沉，见图 2.4.4（a）。

第二步：听四通阀通电瞬间的声响，空调器正常工作时，四通阀在通电以后应该能听到"嗒"的一声，也会有"呲"的一声气流声，这说明四通阀动作正常，见图 2.4.4（b）。

（a） （b）

图 2.4.4 听压缩机和四通阀的声音

项目二 家用空调器

> **友情提示**
>
> 在压缩机工作时，如果声音比较大，说明制冷剂过少，其中的气流声是空气声；如果没有气流声，说明管路系统有堵的现象；如果压缩机出现强烈的"嗡嗡"声，或压缩机不启动，或启动困难，应该立刻关掉电源，这说明，压缩机有卡缸或电动机绕组不正常。

4. 测

测就是用仪表对空调器进行检测，根据检测的数据来判断故障部位。

用压力表测室外机大小阀维修口压力变化情况，可以帮助我们判断空调器制冷系统的故障。

环境温度大约是30℃时，在制冷状态下，低压侧的压力大约是0.5MPa；在制热状态下，高压侧的压力大约是2MPa；压缩机停机时，低压侧的压力大约是0.7MPa，高压侧的压力应为0。

> **友情提示**
>
> 观察压力变化规律，压力表安装在大阀的维修口，维修时主要看兆帕的刻度。在制冷时所测的是低压侧的压力；在制热时，由于制冷剂流向相反，测的是高压侧的压力。压力过高或过低都说明制冷系统不正常，如出现低压侧压力下降，可能是制冷剂太少、管道微堵、室内风机不转、过滤网脏等故障；如出现低压侧压力升高，可能是制冷剂过多、四通阀串气等故障。

【做一做】 请同学们用上述方法试着判断问题空调器的故障在哪里。

四、技能测评

在学习完"判断空调器的故障"这一任务后，你掌握了哪些知识与技能？请按照表2.4.1进行评价。

表2.4.1 判断空调器故障评价表

序号	项目	测评要求	配分	评分标准	自评	互评	教师评价	平均得分
1	观察空调器运行情况	知道空调器故障各部位外观变化情况	20	不明各观察点变化情况，扣20分				

续表

序号	项目	测评要求	配分	评分标准	自评	互评	教师评价	平均得分
2	摸各关键点温度变化情况	1. 找到温度变化的关键点； 2. 正确判断关键点的温度	40	1. 不能找到温度变化关键点，扣30分； 2. 不明关键点温度情况，扣30分				
3	听空调器运行时各部位的声音	空调器正常运行时，各部位会发出不同声响，根据声响判断故障情况	20	不能通过声响判断故障点，扣20分				
4	测空调器压力变化情况	根据压力变化情况，找出故障原因	20	不能对压力进行检测，扣20分				
安全文明操作		违反安全文明操作规程（视实际情况进行扣分）						
额定时间		每超过5min扣5分						
开始时间		结束时间		实际时间		成绩		
综合评价意见								
评价教师				日期				
自评学生				互评学生				

五、知识广角镜

1. 空调器假故障

判断空调器故障的基本方法为"一听""二看""三摸""四测"，注意各步的相互衔接，重点在"测"。空调器假故障是指有故障现象，但它不是空调器已经损坏，因此要区分假故障与真故障。

空调器假故障有如下几种：

1）不运行。这种不运行不是空调器有故障，而是由不通电、电压太低，或遥控器电池的电量耗尽、温度设置不当、延时电路保护等造成的。

2）空调器制冷制热量差。这种故障是由于空气过滤网积尘太多，见图2.4.5，或内外热交换器上有大量尘垢，从而影响排出量和热交换量造成的。

图2.4.5 空气过滤网

3）噪声较大。这种故障主要是共振噪声，旧空调再加上部件磨损后变大的噪声，如风机、压缩机等。

4）异味。室内风机吹出怪味，是由于烟雾、家具、食物、垃圾、地毯、污物等散发的气味附在已脏的滤网中。

2. 空调器真故障的特征

（1）空调器连接管路及遥控器故障

1）室内机特征：无冷风吹出或不吹风、风摆失灵、电源无显示、异响、工作时滴水。

2）室外机特征：压缩机不工作、四通阀故障、传感器损坏、风机不转，见图2.4.6。

3）连接配管及电源线：扎带及保温管存在损伤变形、线路及管路折断等。

4）遥控器：无信号发出或部分功能丧失。

图 2.4.6　空调器连接管路及遥控器出现故障的特征

（2）判断故障的基本思路

分析空调器故障应本着管路判断和电路判断分开，由简到繁，由浅入深，按系统分段等进行检测、判断。

（3）判断室内机故障

室内机故障的判断一般按从电路到管路的思路进行，见图2.4.7。

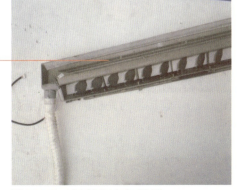

图 2.4.7　判断室内机故障

1）电路部分：检查电源供电是否正常，电路接插件是否有松动脱离，电路板上的器件是否有被烧坏的痕迹；风机是否运转（风机、继电器电路等原因都能使扫风机不转）。

2）管路和风路部分：检查管路接头有无泄漏，管道是否破损，排水槽是否堵塞等；风路系统是否畅通。

（4）室外机故障的判断

1）室外机故障。在判断室外机故障时，首先要保证电源正常，然后做以下几步的检测。

第一步：检测传感器是否损坏，见图2.4.8（a）。

第二步：检测风机是否运转，线路有无开路，见图2.4.8（b）。

第三步：检测电动机的运转电容是否失效，见图2.4.8（c）。

第四步：检测启动电容是否损坏或失效，见图2.4.8（d）。

此外，还要考虑压缩机有无损坏（注意判断是否是线圈损坏和机械故障）、化霜电加热器是否损坏等情况。管道部分重点查四通阀及各部件有无损坏变形，以及接头处有无泄漏。

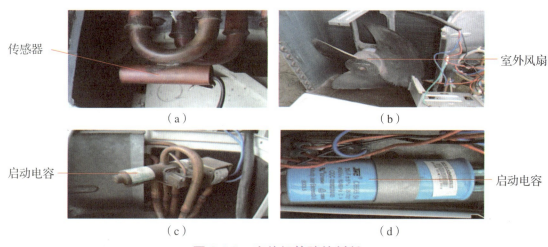

图2.4.8 室外机故障的判断

2）连接室内外机的管道与接头的故障判断。连接室内外机的管道与接头的故障判断主要看管道和各种接头以及各电源线有无故障，保温管和扎带有无明显的损伤，两端喇叭口及带阀管座有无损坏，排水管是否完好等，见图2.4.9。

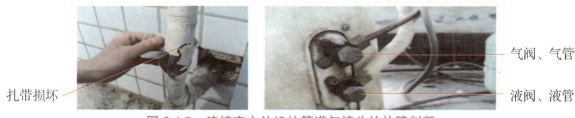

图2.4.9 连接室内外机的管道与接头的故障判断

3. 判断遥控器故障

判断遥控器故障的程序是，要看外观有无损伤，电池是否有电，按键是否失灵、损坏，关键是用仪器（如收音机或遥控器专用检测器）判断遥控器是否有信号发出。遥控器易损坏部件是晶振，应注意识别。

六、检测和测评

1. 判断题（每题10分，共50分）

（1）空调器正常工作时，压缩机和风扇都会有正常的声响，停机时应该能听到"呲"的越来越小的气流声，气流声应低沉。（　　）

（2）如果压缩机出现强烈的"嗡嗡"声，或压缩机不启动，或启动困难，应该立刻关掉电源。（　　）

（3）在制冷时所测的是高压侧的压力；在制热时，由于制冷剂流向相反，因此测的是低压侧的压力。（　　）

（4）分析空调器故障应本着管路判断和电路判断分开，由简到繁，由浅入深，按系统分段等进行检测、判断。（　　）

（5）在夏天，空调器的大阀和小阀应该结露或滴水，不能结霜。（　　）

2. 填空题（每题10分，共50分）

（1）环境温度大约是30℃时，在制冷状态下，低压侧的压力大约是_____MPa。

（2）环境温度大约是30℃时，在制热状态下，高压侧的压力大约是_____MPa。

（3）压缩机停机时，低压侧的压力大约是_____MPa，高压侧的压力应为_____MPa。

（4）如果出现制冷剂不足或系统轻微堵塞（也会结霜，但是霜会化掉）就会出现_____现象。要进行排堵或加制冷剂。如果出现制冷剂充入过量，就会出现_____现象。

（5）空调器正常工作时，压缩机的回气管应该_____，大约是_____℃；排气管应该_____，大约是_____℃；如果回气管不凉，排气管不热，会造成不能制冷或都制冷效果差，往复式压缩机机壳的温度大约_____℃，旋转式压缩机机壳的温度大约_____℃；蒸发器的出风口应该有冷空气吹出，进风口和出风口的温度差大约是_____℃，具备以上情况说明制冷系统工作良好。

任务五　检修空调器制冷系统故障

虽然空调器故障的表现形式多种多样，但是常见的故障为"不制冷也不制热""制冷制热效果不好""堵"等。本任务主要对空调器制冷系统的典型故障进行检修。

一、任务描述

根据空调器常见故障的原因，将空调器制冷系统的故障分为"不制冷也不制热故障""单制冷或单制热故障""制冷制热效果不好故障""空调器漏水故障"4种典型故障。要完成这一任务，需要走进实训室，预计用时90min，其作业流程见图2.5.1。

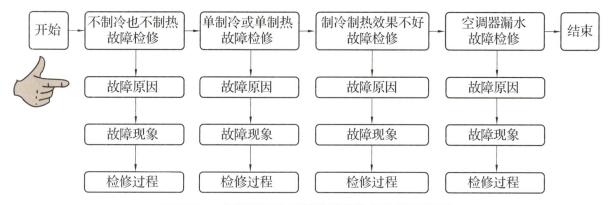

图 2.5.1 空调器制冷系统故障检修的作业流程图

二、任务目标

1）会检修空调器不制冷也不制热故障。

2）会检修空调器单制冷或单制热故障。

3）会检修空调器制冷制热效果不好故障。

4）会检修空调器漏水故障。

三、作业进程

1. 不制冷也不制热故障检修

空调器产生不制冷也不制热故障的原因有两个：一是电气系统的故障（如整机不启动、压缩机不运转、风机不动转等）；二是管路通风系统的故障。产生这类故障的原因有以下几种：①无制冷剂；②堵死；③压缩机损坏；④风机损坏。

（1）无制冷剂

故障现象：压缩机的排气管不热，回气管不凉，用压力表测得压力为0，运转电流小于正常值，制冷时无冷风吹出，制热时无热风吹出。

其检修过程见图 2.5.2。

第一步：在大阀上安装检修阀，测此时的压力，见图 2.5.2（a）。若制冷剂漏完，压力表读数为0。

第二步：给系统内充入氮气，进行加压保压，看压力表变化情况，见图 2.5.2（b）。若压力表显示压力不断减小，说明系统有漏故障；若压力表无明显变化，则需观察24h后再看压力表压力有无变化。

第三步：若压力表压力减小，可用皂水检漏法进行检漏，见图 2.5.2（c）。一般情况下，故障多为内、外机连接管道螺母破裂，内、外机连接管接头处漏，以及室外机内各焊接部位松动。找到漏点后需先进行补漏操作，再加压保压进行检测。

第四步：补漏成功后，先要进行抽真空，再充注制冷剂，最后通电试机，见图 2.5.2（d）。

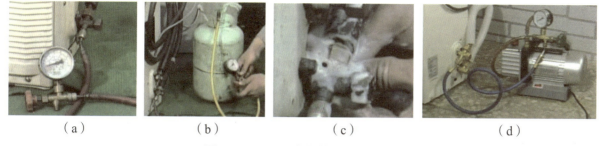

图 2.5.2 无制冷剂故障检修过程

(2) 堵死

故障现象：低压的压力为 0 或为负，工作电流增大到正常值的 5 倍以上，过热过电流保护器频繁动作。

其检修过程见图 2.5.3。

第一步：当怀疑出现堵死故障时，要先将空调器制冷系统中的制冷剂放掉，见图 2.5.3 (a)。用空调器专用工具旋开大阀开关即可。

第二步：先用焊枪焊开干燥过滤器，再分别通过大阀和小阀充入氮气进行吹污操作，见图 2.5.3 (b)。吹污完成后，先要进行抽真空，再充注制冷剂，最后通电试机。

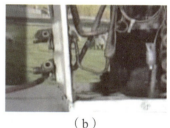

图 2.5.3 堵死故障检修过程

> **友情提示**
>
> 在放氟的时候，手不能接触放出的冷气，以免冻伤。若不能吹通，则要更换毛细管和干燥过滤器。最后抽真空，加制冷剂，并进行试机。

(3) 压缩机损坏

压缩机损坏一般为绕组损坏，压缩机压缩功能失效、卡缸等，故障比较直观。

其检修过程见图 2.5.4。

第一步：取下和压缩机相连接的电路板的连接线，见图 2.5.4 (a)。

第二步：放掉制冷剂，用气焊断开与压缩机连接的高低压管，更换压缩机，见图 2.5.4 (b)。换好压缩机后，先要进行抽真空，再充注制制冷剂，最后通电试机。

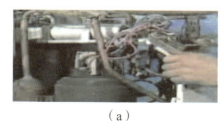

图 2.5.4 压缩机损坏故障检修过程

> **友情提示**
>
> 1）在换压缩机前要先安装检修阀，对管道系统进行排污处理，放掉制冷剂，取下电路板。空调器压缩机的更换方法与电冰箱压缩机的更换方法类似，这里不再重复。更换完成后，抽真空，加制冷剂，通电试机。
>
> 2）压缩机不转，首先应测试压缩机启动继电器，再考虑压缩机本身的质量。

（4）风机损坏

风机包括室内机的风机和室外机的风机，其故障比较直观，一般情况下，风机损坏后，风叶不会转动，也不出风。

其更换过程见图2.5.5。打开空调器室外机的外壳，从外向内进行，先取下固轮圈，再取下叶轮，最后取下风机；更换新的风机后，再从内向外，安装好电动机、叶轮、固轮圈即可。

（a）取下固轮圈　　　　（b）取下叶轮　　　　（c）取下电动机

图2.5.5　更换风机

> **友情提示**
>
> 1）在更换风机的时候，要注意更换同一型号的风机，安装风机的步骤是取下风机的逆过程。
>
> 2）风机不转，首先应考虑风机启动电容的质量，再考虑风机本身的质量。

2. 单制冷或单制热故障检修

一台空调器只要能完成制冷或制热的过程，就说明管路通风系统都是正常的。如果出现制热不制冷或制冷不制热的现象，原因一般是四通阀工作不正常。四通阀工作不正常的原因有两种：一是电源供给不正常；二是四通阀本身损坏，这种情况下，就需要更换四通阀。更换四通阀见图2.5.6。

第一步：用焊枪焊下四通阀，见图2.5.6（a）。焊接时，注意用铁板在需要保护的地方挡一下，以防止在加热的时候损坏其他部位。

第二步：用焊枪将坏的四通阀与管道分开，并在管道上做记号，标明它与四通阀的哪个管口相接，见图2.5.6（b）。

第三步：将新的四通阀与焊下的管道进行连接，焊接时要按照第二步所标明的记号进行，不能错接，见图2.5.6（c）。

第四步：用氮气吹干四通阀的 4 个接口，见图 2.5.6（d），并将四通阀接入管路。接好后，先要使压缩机通电运转一下，吹掉内部的脏物（具体做法是，给压缩机通电，打开大小阀门，大约运行 5min），四通阀安装完成后要进行抽真空，加制冷剂，试运行。

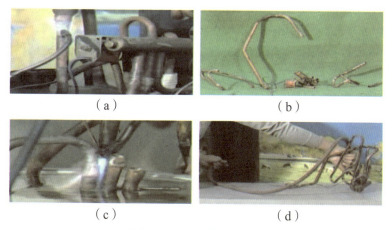

图 2.5.6　更换四通阀

友情提示

1）四通阀在安装过程中很容易因为过热而损坏，所以在取下四通阀时，不能从距四通阀较近的接口焊开，而是要将与四通阀相连接的就近管路一起焊下，再焊下坏的四通阀。应特别注意记住管路与四通阀的摆放位置。

2）四通阀易过热损坏，因此在焊接四通阀时，应将四通阀放置于水中进行焊接，以降温。但是，四通阀的管路内不能进水。如果不小心进水，则在焊好四通阀后应用氮气将四通阀内的水分吹出（4 个接口都要吹）。

3. 制冷制热效果不好故障检修

制冷制热效果不好的检修见表 2.5.1。

表 2.5.1　制冷制热效果不好的检修

故障原因	故障特点与判断	处理方法
制冷剂过少	1. 低压压力减少，低于 0.5MPa，高压压力也减少； 2. 压缩机回气管不凉，排气管不热，小阀结霜； 3. 制热时只工作几分钟或十几分钟，外机的热交换器就会结霜； 4. 工作电流小于额定值	查找泄漏部位，进行补漏，抽真空，加制冷剂，试运行
制冷剂过多	1. 低压压力增加，高于 0.5MPa，高压压力也升高； 2. 排气管的温度会升高； 3. 工作电流大于额定电流； 4. 大、小阀结霜	放掉多余的制冷剂

续表

故障原因	故障特点与判断	处理方法
热交换器性能不良	热交换器性能不良，一般是灰层多或除霜电路不良造成的，主要引起热交换器空气流通不良，热交换器性能不良，工作电流上升，出风温度升高，甚至造成过电流保护	清洁热交换器，可用气吹、刷子刷、水洗（注意，清洁的时候不能弄湿电动机控制部分的部件）
压缩机压缩性能不良	1. 压缩机绕组短路、开路； 2. 绕组击穿漏电； 3. 卡缸； 4. 吸排气不足	更换压缩机
四通阀串气	四通阀串气是指四通阀内部的高压和低压气体有泄漏和串通的现象，会造成管路系统制冷剂流通不正常，造成制冷制热效果差。四通阀串气后，低压的压力会升高到0.7MPa左右	更换四通阀
有微堵的现象	微堵也是由管道中的水分和脏污造成的，因为没有堵死，所以仍然能制冷和制热，只是效果下降。现象：①低压压力和高压压力降低；②回气管不凉，排气管不热；③小阀时而结霜，时而化霜	同堵死故障的检修
风机通风不良	风机通风不良与热交换器性能不良的故障相似。故障现象： 1. 风叶打滑或损坏； 2. 风机电动机不良； 3. 电动机轴承缺油或损坏	1. 风叶打滑或损坏，需要坚固或更换； 2. 风机电动机不良，需要更换电动机； 3. 电动机轴承缺油或损坏，需要加油或更换轴承

4. 空调器漏水故障检修

分体挂壁式空调器室内机出现漏水现象有正常与不正常两种：当环境潮湿、空气相对湿度大于80%时，室内机吹出的凉风会立即使附近的潮湿空气温度降至露点，形成雾状小水珠滴下，这属于正常现象；从送风口吹出很多水珠，或水珠从机壳中直接渗出滴落，属于不正常现象，应立即断电，并排除故障。

（1）机型结构原因造成漏水

分体挂壁式空调器的室内机接水盘一般不大，其宽度也难以设计成大于蒸发器的厚度，致使有些机型不能完全承接蒸发器流下的冷凝水，水珠会滴到接水槽外而渗出机壳。此外，有些机型的接水槽强度不够，长端的中间部位有明显下凹，冷凝水积满后也会从该处溢出。

（2）设计不合理造成漏水

有些生产厂家为尽量减少模具费用，采用一壳两型，如1P空调器与1.5P空调器使用同一种型号的室内、室外机壳体。这样，对于1.5P机型，其冷凝面积较大，致使蒸发面积变小，蒸发压力降低，在相同环境条件下容易形成漏水现象。

（3）工艺粗糙形成漏水

制造工艺粗糙，蒸发器翅片不整齐、倒片、叠片而未修复，致使冷凝水流动不畅、过多滞留，不能流入接水盘，从而滴在机壳内部流到墙壁或地上，形成漏水。

（4）因保温材料形成漏水

空调器运转一定时间后，室内机壳体某些部位的温度也会降至露点形成冷凝水。因此，需要在这些部位粘贴保温材料，防止结露。如果保温材料质量较差或粘贴不牢，就会造成漏水。因此，要选用保温、防水性能好的材料，并且粘贴既要严密又要牢固。

（5）安装不当造成漏水

安装分体挂壁式空调器的室内机时，如果出水管出口高于接水盘，或倾斜度不够、出水管被墙洞压瘪，会使水流不畅造成漏水。

（6）制冷剂泄漏引起漏水

如果空调器内制冷剂泄漏，系统内制冷剂不足，也会引起漏水。因为制冷剂不足，蒸发压力会过低，使蒸发器部分结霜，阻碍冷凝水流入接水盘，而由面罩外泄造成漏水。若蒸发器结霜，停机后固态冰霜与水混合，更容易造成漏水。对这类故障应找到泄漏点，修复后补充适量制冷剂即可排除。

【做一做】请同学们试着排除空调器的故障。

四、技能测评

在学习完"检修空调器制冷系统故障"这一任务后，你掌握了哪些知识与技能？请按照表2.5.2进行评价。

表 2.5.2 空调器制冷系统故障检修评价表

序号	项目	测评要求	配分	评分标准	自评	互评	教师评价	平均得分
1	通电试运行	通电安全规范	10	通电操作不规范，扣20分				
2	充加制冷剂	充加制冷剂操作规范	20	充加制冷剂操作不规范，扣20分				
3	判断故障所在	故障判断正确	40	故障判断错误，扣40分				

续表

序号	项目	测评要求	配分	评分标准	自评	互评	教师评价	平均得分
4	故障处理意见（填写在以下栏目中）	提出的处理意见明了，可操作	30	1. 提出处理意见不正确，扣30分；2. 提出处理意见不明了，扣20分；3. 提议补充的制冷剂充量不正确，扣20分				
更换毛细管，恢复空调器正常操作意见								
开始时间		结束时间		实际时间		成绩		
综合评价意见								
评价教师				日期				
自评学生				互评学生				

五、知识广角镜

1. 两种典型制冷系统

要掌握维修空调器制冷系统的基本方法，首先应了解几种典型的空调制冷循环系统。

1）单冷型制冷循环系统示意图见图2.5.7。

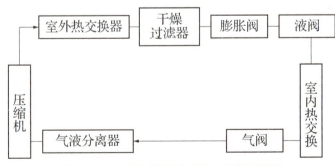

图2.5.7　单冷型制冷循环系统示意图

其主要部件的作用：气液分离器的作用为确保压缩机吸入的是制冷剂蒸气。室内热交换器的作用是室内吸热，使工质汽化。室外热交换器的作用是室外放热，使工质液化。

2）分体式热泵型循环示意图见图2.5.8。

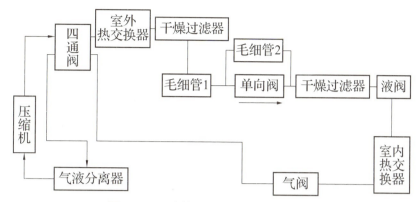

图2.5.8 分体式热泵型循环示意图

2. 空调器的特殊部位

（1）四通阀

四通阀的外形见图2.5.9，其作用是实现室内机制冷、制热的交换。它是通过改变制冷剂的流向来实现的。

（2）单向阀

单向阀的外形见图2.5.10，其作用是实现制冷剂从毛细管1直接流向干燥过滤器，逆向截止。

（3）毛细管2

毛细管2的外形见图2.5.11，它位于干燥过滤器入口和出口之间。其作用是在制热运行时，增大室内热交换器的冷凝压力，提高制热的能力。

图2.5.9 四通阀的外形

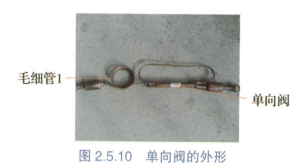

图2.5.10 单向阀的外形

图2.5.11 毛细管2的外形

3. 制冷系统部件故障分析

（1）压缩机常见故障及维修方法

1）压缩机常出现的故障有如下几种。

①绕组短路、断路和绕组碰壳。

②压缩机抱轴、卡缸。

③压缩机吸、排气阀关闭不严。

④压缩机的振动和噪声。

⑤热保护器损坏。

2）压缩机常见故障的维修方法。压缩机电动机部分出现问题，压缩机吸、排气阀关闭不严和热保护器出现故障，应采取更换压缩机的办法维修。压缩机抱轴、卡缸故障，可以先尝试维修，具体方法有以下几种。

①敲击法：开机后用木槌敲压缩机下半部，使压缩机内部被卡部件受到振动而运转起来。

②电容启动法：可以用一个电容量比原来更大的电容接入电路后启动。

③高压启动法：可以用调压器将电源电压调高后启动。

④卸压法：将系统中的制冷剂全部放空后启动。

（2）电磁四通阀常见故障及维修方法

1）电磁四通阀常见故障有如下几种。

①电磁阀不换向。

②电磁阀线圈短路。

③电磁阀滑块变形。

④四通阀串气。

2）电磁四通阀常见故障的维修方法如下。

①电磁换向阀线圈开路、短路或烧坏时，阀芯不能吸合，引起滑块不动作，应更换电磁阀线圈。

②电磁阀衔铁被卡住时，阀芯不能动作，引起滑块也不动作，应更换电磁四通阀。

③电源电压低于电磁阀额定值时，电磁阀进出口压力差超过开阀能力，阀内时常发出"哒哒"声，引起阀芯吸合不上，应改进电源。

④系统高温、高压及机内有杂质时，引起滑块变形、卡死，应更换电磁四通阀。

⑤阀芯被卡死时，断电后电磁阀不能关闭，应更换电磁四通阀。

⑥电磁阀密封垫受损或紧固螺钉松动时，引起制冷剂泄漏，应换密封垫并紧固螺钉。

⑦阀上毛细管堵塞或断裂，或系统严重泄漏引起滑块不动作时，应清洗毛细管或用稍粗于断裂毛细管的铜管套焊。

⑧阀内存有脏物、阀座或阀针受损及弹簧力过小，造成电磁阀关闭不严时，应更换电磁四通阀。

⑨空调器制冷系统中四通阀串气的判断：a. 制冷收氟，氟快收完时回气已没有温度（也就是常温），这时用手摸四通阀两根低压管，没有明显的温差为四通阀正常（两根高压管当然是很热的，不用摸），串气的四通阀低压进管是常温，出管（到压缩机）则明显变热。b. 串气的四通阀有较大的气流声。c. 四通阀串气会导致收氟收不尽，回气压力在 0.1MPa 以上。

⑩四通阀内部泄漏时，造成高压制冷剂气体向低压侧泄漏，不能使换向阀活塞两端建立起正常的压力，应更换换向阀。如果制冷系统压力差过大，不能使换向阀换向，就要检查制冷系统压力或查找泄漏点，并填补制冷剂。

（3）节流阀常见故障及维修方法

1）毛细管折断泄漏。毛细管折断泄漏时，同制冷系统其他部件泄漏的故障现象相同。维修时，既不能进行补焊，又不能对折堵部位强制伸直修复（这是因为毛细管的内径太小，补焊、伸直都会造成二次堵塞）。此时，应彻底断开折断、折堵部位，找一根内径和毛细管外径相同的长40mm的紫铜管，先将断口校直后，再将断开的毛细管两端插入套管中各1/2并顶紧，然后焊接即可。

2）毛细管脏堵。脏堵一般发生在冷凝器出液管的毛细管插入部位（或膨胀阀过滤网），主要表现为空调器不制冷、毛细管结霜（与制冷剂不足的表现极为相似）、压力偏高、电流过大、压缩机工作声音发闷并带有传气声、室外换热器不热，空调器工作一段时间后产生高压保护，压力平衡后重新开机。

脏堵主要发生在毛细管，是由系统中的大量杂质、脏物将毛细管入口处堵住引起的。毛细管发生脏堵时，两端有明显温差，堵塞部位结霜，输入电流变大。如果将管路完全堵死，则称为全堵，此时一旦压缩机停机，再开机时压缩机两端压差过大，压缩机将不能正常启动，稍后过载保护器工作（由于高压制冷剂无法通过毛细管向低压侧流动，系统无法平衡）。

毛细管的脏堵可通过在制冷系统低压侧的修理阀接上压力表进行测试。当压缩机运行10min后，表压力维持在0MPa位置，说明毛细管半脏堵；若处于真空负压关态，则说明全堵。全堵时压缩机运转声沉闷，停机数十分钟压力不回升或压力平衡缓慢，可以判断脏堵位置在毛细管接头处。若毛细管微堵，可在加热毛细管的同时用螺钉旋具轻轻敲击管体，使之畅通。

3）毛细管冰堵

冰堵大部分发生在毛细管的出口，当液体制冷剂从毛细管到蒸发器蒸发时，吸收大量热量，体积大大膨胀。这时毛细管出口处温度可达到-5℃左右，系统内水分随制冷剂循环到毛细管出口端就会冻结成冰粒，导致堵塞。冰堵多发生在重修或正在维修的系统中，多由修复不当或系统中含有过量水分、抽空处理不良、制冷剂本身含水量超过允许含量等原因造成。

空调器出现毛细管冰堵故障时，主要表现为刚开始工作正常，一段时间后不制冷。用手摸冷凝器从热到凉，用压力表接到三通阀上检测会发现，刚开始压力正常（一般为0.4~0.5MPa），到系统不正常时，压力下降到0MPa以下。

（4）热交换器常见故障及维修方法

1）影响蒸发温度的因素。影响蒸发温度的因素有以下几点：

①蒸发器管路结油。正常情况下，由于润滑油和氟利昂互溶，在换热器表面不会形成油膜。

②空气过滤网堵塞。

③节流阀堵塞。如果系统有杂质，就会造成干燥过滤器堵塞，系统供液困难，影响制冷效果。

④制冷剂太少，应追加制冷剂。

2）影响冷凝压力的因素。

①冷凝器脏堵。家用空调器一般采用风冷式冷凝器，它由多组盘管组成，在盘管外加肋片，以增加空气侧的传热面积。同时，采用风机加速空气的流动，以增加空气侧的传热效果。因片距较小，加上机房空调器连续长时间使用，飞虫杂物及尘埃粘在冷凝器翅片上，致使空气不能大流量通过冷凝器，热阻增大，影响传热效果，最终使冷凝器冷凝效果下降，高压侧压力升高，制冷效果降低的同时，功耗增加。

应根据空调器使用环境和脏堵情况，定期对空调器室外机进行冲洗，具体方法是用水枪或压缩空气由内向外冲洗空调器冷凝器，清除附在冷凝器上的杂物和灰尘，保证良好的散热效果。

②系统内部有空气。如果空调器抽真空不够，加液时不小心混进空气，则空气在制冷系统中会影响制冷剂的冷凝放热，使冷凝压力升高，多出来的空气将占据冷凝器上部分面积。因为排气压力增高，排气温度也升高，制冷量减少，耗电量增加，所以必须清除系统中的空气。

③制冷剂冲注过多，冷凝压力也会升高。多余的制冷剂会占据冷凝器的面积，造成冷凝面积减少，使冷凝效果变差。

4. 家用空调器常见故障

（1）制冷运行时，风扇运转，压缩机不运转

此故障的主要原因有如下几种。

1）室温设定过高，使压缩机不能工作。

2）压缩机的过载保护器处于断开状态。

3）压缩机运转电容损坏，测量其阻值不为无穷大或被击穿。

4）压缩机电动机损坏，万用表测量其绕组阻值为无穷大或为零。

5）压缩机启动，继电器损坏。

（2）压缩机开停频繁

此故障的主要原因有如下几种。

1）室温传感器安放位置与蒸发器接触，或与蒸发器表面太近，使室温传感器很容易受到蒸发器温度波动的影响，使压缩机频繁开停。

2）电源电压不稳定，时高时低，运转时保护停机。

3）过载保护器失效，造成运转电流过大，产生过电流保护，时开时停。

4）冷凝器脏堵，造成通风不畅，散热性能下降。

5）轴流风扇卡住或打滑、风速太小或不转，造成冷凝器温度过高，热量散发不出去。

（3）蒸发器表面结霜或结冰

此故障的主要原因有如下几种。

1）制冷剂充注过多，导致在蒸发器前部分无法蒸发，后部分受压缩机吸气的影响而急剧蒸发，导致蒸发压力和温度偏低，结霜或结冰。此时，应放掉多余的制冷剂。

2）温度控制器的感温探头离蒸发器太远，或在蒸发器的高温区附近，从而感受不到制冷温度的变化，使压缩机一直处于不停机状态而结霜。此时，应调整感温探头到适当位置。

3）制冷剂减少也会造成蒸发器表面结霜或结冰，此时需要补充制冷剂。

（4）空调器制冷效果差

此故障的主要原因有如下几种。

1）过滤网灰尘太多，导致制冷效果差。此时，应清洗过滤网。

2）热交换器太脏。此时，应清洗热交换器。

3）毛细管堵塞。此时，应更换毛细管，重新充注制冷剂。

4）制冷剂不足。此时，应补充制冷剂到规定值。

5）压缩机制冷效率下降。此时，应检查压缩机吸排气压力，更换压缩机。

（5）空调器运转时噪声过大

此种故障的主要原因有如下几种。

1）室外机底座固定螺栓松动。此时，应紧固底座螺栓。

2）室内机组风扇或室外机组风扇扇叶与壳体相碰。此时，应调整风扇叶片位置。

3）室内或室外风扇轴承破损。此时，应更换轴承。

4）室内机组风扇松动。此时，应紧固室内、外机组风扇。

5）室内风扇叶片的定位锁紧螺钉松动或定位偏移。

6）压缩机底脚螺钉松动或压缩机内有异常声音。

7）室内、外机连接管道弯曲变形严重，造成节流，在蒸发器内会发出节流声。

8）室内、外机管道碰撞发出异常声响。

（6）空调器在制冷或除湿时室内机漏水

此种故障的主要原因有如下几种。

1）安装不当。

2）脏堵。

3）制冷剂不足。安装人员进行排空操作时，制冷剂排放过量或制冷剂充注量不足，均可引起室内机漏水。其原因是制冷剂在蒸发器的进口处蒸发，引起管壁结霜。经过一段时间，霜层厚度不断增加，直至超过接水槽边沿甚至与室内机面板接触。因外界热空气的影响，霜层外部融化流水，水流沿着接水槽外侧或面板流入室内，出现滴水现象。只要制冷剂充足，漏水现象就会消失。实际操作时，应对管路系统进行仔细检查，找出造成制冷剂不足的原因。如果是泄漏，必须对泄漏点进行修复，不然一段时间后又会漏水。另外，添加制冷剂必须适量。

（7）压缩机运转但不制冷故障

此种故障的主要原因有如下几种。

1）制冷剂不足。

2）电磁四通阀失灵、毛细管脏堵、线圈烧坏等。

3）空气过滤网积灰太多。

4）热交换器积灰太多。

5）系统内有空气。

六、检测和评价

1. 判断题（每题10分，共50分）

（1）系统制冷剂泄漏只会造成制冷不良，不会造成制热不足。（　　）

（2）在制冷系统中充入氮气后，可用肥皂水涂在系统的各个接头处进行检漏。（　　）

（3）制冷系统经加压试验检漏，抽真空合格后，即可充注制冷剂。（　　）

（4）换上新的四通阀时，由于四通阀易过热损坏，在焊接四通阀时，应将四通阀放置于水中进行焊接，以降温。（　　）

（5）制冷系统管道接头或焊接处有油迹，表示该处有泄漏情况。（　　）

2. 填空题（每题10分，共50分）

（1）管路通风系统的故障导致不制冷也不制热的原因有_____、_____、_____、_____。

（2）制冷系统堵死的故障现象：_____，_____，_____。

（3）微堵也是由管道中的水分和脏污造成的，因为没有堵死，所以仍然能制冷和制热，只是效果下降。现象：①_____；②_____；③_____。

（4）制冷系统中气液分离器的作用：_____。

（5）制冷系统中室内热交换器的作用：_____。

任务六　检修空调器电气控制系统故障

通过任务五的学习，学生已经能够对空调器制冷系统的故障进行维修了，但是空调器故障不仅出现在制冷系统，还有可能出现在电气控制系统。下面学习空调器常见的电气控制系统故障及检修方法。

一、任务描述

本任务以空调器电气控制系统的常见故障为例，介绍空调器电气控制系统的故障检修。要完成本任务，需要走进实训室，预计用时90min，其作业流程见图2.6.1。

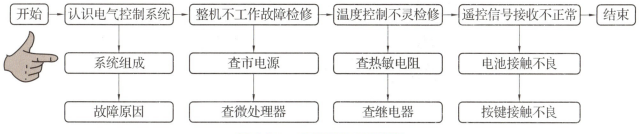

图 2.6.1　空调器作业流程图

二、任务目标

1）会检修不制冷故障。
2）会检修温度控制不灵故障。
3）会检修空调器遥控故障。

三、作业进程

1. 认识电气控制系统

空调器的主控电路板见图 2.6.2。

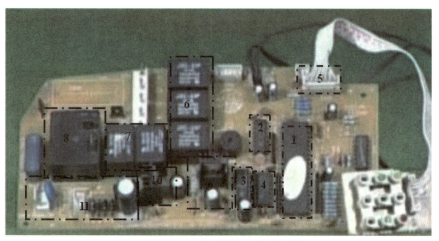

图 2.6.2　空调器的主控电路板

1—微处理器；2—控制步进电动机的集成电路；3—继电器驱动集成电路；4—导向集成电路；5—控制步进电机的信号输出；6—室内风机电源接通与挡位调整继电器；7—四通阀和外机轴流风机继电器；8—压缩机电源控制继电器；9—5V稳压电路；10—12V稳压电路；11—电源电路

电气控制系统的主要故障是由于元器件损坏，接触不良，电路短路、开路，供电不正常等造成的。判断故障主要以电压、电流、电阻等物理量的变化为依据。处理故障主要是更换损坏的元器件，或采取其他对症处理方法。由于电气控制系统的检修涉及电，故操作时一定要安全规范，避免造成人身伤害。下面介绍几种常见电气控制系统故障的检修方法。

2. 整机不工作故障检修

（1）市电源供电不正常

空调器电源线的连接见图 2.6.3。

图 2.6.3　空调器电源线的连接

友情提示

　　图 2.6.3 中接线端子从左到右依次为 L、N、1、2、3。L 和 N 接市电 220V；1、2、3 接室外机组，其中，1 号端子为公共端，2 号端子为室外机组的压缩机电源和风机电源，3 号端子为室外机组的四通阀电源。

　　当空调器出现电源供电不正常的时候，需要根据供电线路进行检测，具体步骤见图 2.6.4。

　　第一步：用万用表检测室内电源接线柱，即判断 220V 市电是否接入，见图 2.6.4（a）。

　　第二步：检测电路板上保险管有没有烧坏。根据图 2.6.4（b）所示进行检测，若阻值无穷大，则说明保险管断路；若阻值很小，或为 0，则说明保险管良好。

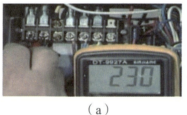 

　　　　　（a）　　　　　　　　　　（b）

图 2.6.4　电源供电不正常检修

友情提示

　　市电源供电不正常，用万用表交流 500V 挡测量市电源是否供到空调器中。如果没有供到，属于插头、插座、导线的问题。另外，也要考虑电源浮动的范围是否在额定范围内，电压过低或过高都会导致保护电路动作，使整机不能正常工作。如果电源送到了室内机的接线板，就要考虑保险管是否熔断。如果熔断，要查明熔断的原因，主要查变压器是否有短路，整流二极管和滤波电容是否击穿，电路是否有短路，压缩机、风机、四通阀的绕组是否短路。

（2）微处理器工作不正常

　　当出现微处理器工作不正常时，首先要检查它的 3 个基本工作条件，即 5V 供电电压、时钟电路和复位电路。微处理器的 11 脚为 5V 供电脚，13 脚为复位脚，18 和 19 脚为时钟振荡脚。其检测过程见图 2.6.5。

　　第一步：测 5V 工作电压（11 脚和 13 脚送入），如果不正常，则为 5V 整流滤波电路的故障。

第二步:检查时钟电路,测 18 脚和 19 脚电压,与正常值做比对。一般来说,这两个值有一定差值,且差值在 1V 以内,可以认为有振荡信号。

第三步:检查复位引脚(13 脚)。复位引脚在开机瞬间应为 0V,而后保持在 5V 左右。

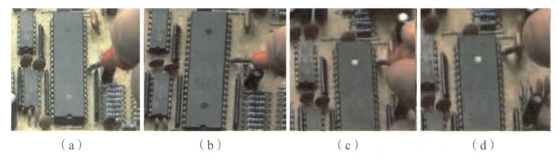

图 2.6.5 微处理器的检测过程

(a)测 11 脚电压; (b)测 13 脚电压; (c)测 18 脚电压; (d)测 19 脚电压

> **友情提示**
>
> 1)如果 5V 供电电压正常,时钟电路没有起振,可以更换晶振,也可以更换与这两个引脚相关的元器件;如果更换后仍然没有起振,说明微处理器损坏。
>
> 2)如果 3 个基本条件都满足,微处理器仍不工作,则需更换微处理器。

3. 温度控制不灵检修

当空调器温度控制不灵时,应重点检查进风口的感温热敏电阻和压缩机继电器,见图 2.6.6。

第一步:检测进风口的感温热敏电阻,判断其好坏。可以另外放温度计,测进风温度,并和设定温度进行比较。若不一致,则说明感温热敏电阻损坏,应更换感温热敏电阻,见图 2.6.6(a)。

第二步:检测压缩机继电器,见图 2.6.6(b)。若感温热敏电阻是完好的,则取下压缩机继电器,检测其好坏。若有故障,则更换。

图 2.6.6 温度不灵检测

> **友情提示**
>
> 温度控制不正常的检查、判断和处理:若制冷制热均是正常的,只是达到设置温度后压缩机不停机,则说明温度控制电路不正常。其故障原因有两个:一是进风口感温的热敏电阻损坏;二是压缩机供电的继电器接点粘住,需要更换热敏电阻或压缩机供电继电器;若没有达到设置温度就停机,则进风口感温的热敏电阻损坏,需要更换热敏电阻。

4. 遥控信号接收不正常检修

空调器遥控信号接收不正常也是比较容易出现的故障。正常情况下，室内机上的遥控接收头收到遥控器发出的信号后，会发出"嘀"声；如果没有声音，则说明空调器没有按指令工作，遥控信号接收不正常。空调器遥控信号接收不正常检修见图2.6.7。

第一步：用小螺钉旋具拆下固定遥控器外壳的螺钉，打开遥控器，见图2.6.7（a）。

第二步：用棉签蘸无水酒精，清洁遥控器各个按键，见图2.6.7（b）。清洁按键后，恢复遥控器外观。

（a） （b）

图2.6.7 空调器遥控信号接收不正常检修

友情提示

遥控信号接收不正常故障的原因大多在遥控器上，常见故障原因是电池接触不良。此时，可以检查电池接线铜片，如果锈蚀，则需要打磨干净；若某一个按键不正常，则说明是按键接触不良，可以通过清洁的方法进行解决。

【做一做】请同学们试着排除空调器电气控制系统的故障。

四、技能测评

在学习完"检修空调器电气控制系统故障"这一任务后，你掌握了哪些知识与技能？请按照表2.6.1进行评价。

表2.6.1 空调器电气控制系统故障检修评价表

序号	项目	测评要求	配分	评分标准	自评	互评	教师评价	平均得分
1	空调器整机不工作	工作恢复正常	30	1.能排除电源线段损坏故障，10分； 2.能排除晶振损坏故障，20分				

续表

序号	项目	测评要求	配分	评分标准	自评	互评	教师评价	平均得分
2	温度控制不灵	工作恢复正常	40	1. 能排除热敏电阻损坏故障，20分； 2. 能排除压缩机继电器损坏故障，20分				
3	遥控接收不正常	工作恢复正常	30	1. 能排除遥控接收故障，20分； 2. 能排除遥控器的故障，10分				
安全文明操作		违反安全文明操作规程（视实际情况进行扣分）						
额定时间		每超过5min扣5分						
开始时间		结束时间		实际时间		成绩		
综合评价意见								
评价教师					日期			
自评学生					互评学生			

五、知识广角镜

1. 空调器电气控制系统常见故障

（1）电源部分故障

电源部分故障主要表现在以下几个方面。

1）电源波动或电压过低。在检修时应测量电源电压或建议用户安装220V稳压电源，以防烧坏压缩机。

2）熔断丝熔断。

3）电源线过细、过长。电源线过细、过长，即使电压达到额定要求，也会因电压降过大而导致压缩机不能正常启动运转。电源线的横截面积，最小不得低于$2.5mm^2$。

（2）压缩机电动机故障

压缩机电动机故障主要表现在以下几个方面。

1）当电网电压不稳定（时高时低）时，压缩机会频繁地启动/停止，一段时间后将导致压缩机绕组烧毁。

2）当空调器工作于制冷方式下时，若流过压缩机内部线圈的电流过大或压缩机散热不良，将导致压缩机组烧毁。

3）压缩机抱轴、卡缸等故障将导致启动绕组电流增大而使压缩机绕组烧毁。

4）若制冷剂不足或制冷系统中有水分，将腐蚀压缩机绕组的漆包线、破坏绝缘，从而形成匝间短路，烧毁压缩机绕组。

5）压缩机长时间处于工作状态，容易使运转绕组烧毁。

（3）三相电动机故障

三相电动机故障主要表现在以下几个方面。

1）电动机不启动。电源供电回路、定子绕组有开路现象，电源电压太低。

2）电动机转速慢。电流增大，说明绕组中有一相可能与外壳通地。此时，可先将接地线断开，然后测机壳是否通电。当机壳带电时，可断电后检查电动机外壳是否有局部发烫的现象。

3）电动机运行时有异声。电动机在运转过程中发出"吭吭"声，说明三相电源严重不平衡，可能为电动机中的一相绕组开路或电源断相，应检查电动机绕组是否存在短路现象。

4）电动机发烫。电动机运转时电流过大，外壳发烫，说明电动机绕组可能漏电。这时需要检查电动机绕组与外壳间的绝缘电阻。

5）电动机反转。三相引线端接线错误将造成电动机反转，这时只要将引线任意两根互换即可。

2. 变频空调器

（1）变频空调器的特点

变频空调器在普通空调的基础上选用了变频专用压缩机，增加了变频控制系统。它的基本结构和制冷原理与普通空调器完全相同。变频空调器的主机是自动进行无级变速的，可以根据房间情况自动提供所需的冷（热）量；当室内温度达到期望值后，空调主机以能够准确保持这一温度的恒定速度运转，实现"不停机运转"，从而保证环境温度的稳定。变频空调器能够始终处于最佳的转速状态，从而提高能效比（比常规的空调节能20%~30%）。变频空调器具有以下特点。

1）启动电流小。转速逐渐加快，启动电流是常规空调器的1/7。

2）没有忽冷忽热的缺点。因为变频空调器会随着温度接近设置温度而逐渐降低转速，逐步达到设置温度并保持与冷量损失相平衡的低频运转，使室内温度保持稳定。

3）噪声比常规空调器低。变频空调器采用的是双转子压缩机，大大降低了回旋不平衡度，使室外机的振动非常小，约为常规空调器的1/2。

4）制冷、制热的速度比常规空调器快1~2倍。变频空调器采用电子膨胀节流技术，微处理器可以根据设置在膨胀阀进出口、压缩机吸气管等多处的温度传感器收集的信息来控制阀门的开启度，以达到快速制冷、制热的目的。

（2）变频空调器的工作原理

变频空调器采用了比较先进的技术，启动时电压较小，可在低电压和低温度条件下启动。这对于某些地区由于电压不稳定或冬季室内温度较低而空调器难以启动的情况，有一定的改善作用。由于实现了压缩机的无级变速，它也可以适应更大面积的制冷、制热需求。

变频空调器是与传统的定频空调器相比较而产生的概念。众所周知，我国的电网电压、频率分别为220V、50Hz，在这种条件下工作的空调称为定频空调器。由于供电频率不能改变，传统定频空调器的压缩机转速基本不变，依靠其不断地开、停压缩机来调整室内温度，一开一停之间容易造成室温忽冷忽热，并消耗较多电能。而与之相比，变频空调器使用变频器改变压缩机供电频率，调节压缩机转速，依靠压缩机转速的快慢达到控制室温的目的，室温波动小、电能消耗少，其舒适度大大提高。另外，运用变频控制技术的变频空调，可根据环境温度自动选择制热、制冷和除湿运转方式，使居室在短时间内迅速达到所需要的温度，并在低转速、低能耗状态下以较小的温差波动，实现了快速、节能和舒适控温效果。

若供电频率高，压缩机转速快，空调器制冷（热）量就大；而当供电频率较低时，空调器制冷（热）量就小。变频空调器的核心是变频器，变频器是20世纪80年代问世的一种技术，它通过对电流的转换来实现电动机运转频率的自动调节，把50Hz的固定电网频率改为30~130Hz的变化频率。同时，它还使电源电压范围达到142~270V，彻底解决了由于电网电压不稳定而造成空调器不能正常工作的难题。变频空调器每次开始使用时，通常使空调器以最大功率、最大风量进行制热或制冷，迅速接近所设置的温度。变频空调器通过提高压缩机工作频率的方式，增大了在低温时的制热能力，最大制热量可达到同级别空调器的1.5倍，低温下仍能保持良好的制热效果。此外，一般的分体机只有4挡风速可供调节，而变频空调器的室内风机自动运行时，转速会随压缩机的工作频率在12挡风速范围内变化。由于风机的转速与空调器的能力配合较为合理，实现了低噪声运行。在空调器高功率运转，迅速接近所设置的温度后，压缩机便在低转速、低能耗状态运转，仅以所需的功率维持设置的温度。这样不仅温度稳定，还避免了压缩机频繁开停对使用寿命的影响，而且耗电量大大下降，实现了高效节能。

（3）变频空调器的优点

1）节能：由于变频空调器通过内装变频器，随时调节空调机"心脏"——压缩机的运转速度，从而做到了合理使用能源；它的压缩机不会频繁开启，使压缩机保持稳定的工作状态，从而使空调器整体达到节能30%以上的效果。同时，这对噪声的减少和延长空调使用寿命有明显的作用。

2）噪声低：由于变频空调器运转平衡，振动减小，噪声也随之降低。

3）温度控制精度高：它可以通过改变压缩机的转速来控制空调机的制冷（热）量。其制冷（热）量有一个变化幅度，如36GW变频的制冷量变化为360~400W，制热量变化为300~6 800W，因此室内温度控制可精确到±1℃，使人体感到很舒适。

4）调温速度快：当室温和调定温度相差较大时，变频空调器一开机即以最大的功率工作，使室温迅速上升或下降到调定温度，制冷（热）效果明显。

5）电压要求低：变频空调器对电压的适应性较强，有的变频空调器甚至可在150~240V电压下启动。

6）环境温度要求低：变频空调器对环境温度的适应性较强，有的甚至可在−15℃的环境温度下启动。

7）一拖二智能控温：它可智能地辨别房间大小并分配冷（热）量，使大小不同的房间保持同样的温度。

8）保持室温恒定：变频空调器采用了变频压缩机，可根据房间冷（热）负荷的变化自动调整压缩机的运转频率。达到设置温度后，变频空调器以较低的频率运转，避免了室温剧烈变化引起的不适感。当负荷小时，运转频率低，压缩机消耗的功率小，同时避免了频繁开停，从而更加省电。

（4）变频空调器的选购和使用

由于变频空调器是采用由微处理器控制的变频器与变频压缩机组成的产品，故用户在选购、安装和使用时应注意以下几点。

1）在选购时，根据房间面积来确定所选变频空调器匹数的大小（一般1P变频空调器可用于$14m^2$左右的房间），尽量避免在超面积的情况下使用。

2）在安装、维修过程中，当需添加制冷剂时，应先将空调器设定在试行方式下运行或通过调节设置温度的方式使变频压缩机工作于50Hz状态下，然后按量加入制冷剂。

3）变频空调器的室外机有微处理器控制的变频器，其印制电路板在高温及潮湿的环境中较易损坏，因此其室外机应安装在干燥通风处，避免日光曝晒和雨淋。如果发生开机后室外机自动停机现象，应立即停机进行修理，以免故障扩大。

4）在日常使用中不要将温度设置得过低，以避免空调器长期处于高速运行状态。最好设置在自动运行方式，这样既能快速制冷，又能节约用电。

六、检测和评价

1. 判断题（每题10分，共50分）

（1）额定输入功率是指在标准工况下制冷或制热时空调器所消耗的功率。　　（　）

（2）听取用户反馈是维修人员获取维修空调器信息的第一步。　　（　）

（3）市电源供电不正常，首先要考虑市电源是否供到空调器中。　　（　）

（4）房间空调器的绝缘电阻应在2MΩ以上。　　（　）

（5）变频空调器是采用由微处理器控制的变频器与变频压缩机组成的产品。　　（　）

2. 填空题（每题10分，共50分）

（1）微处理器电路的3个基本工作条件：_____、_____和_____。

（2）电气系统主要的故障是由于_____、_____、_____、_____等造成的。

（3）判断空调器电气控制系统故障主要是以_____、_____、_____等物理量的变化为依据。

（4）房间空调器的电动机主要是_____电动机和_____电动机。

（5）当空调器出现温度控制不灵时，应重点检查_____和_____。

项目三
组装电冰箱、空调器制冷系统

为了从事电冰箱、空调器和冷藏库等制冷设备的生产、维修工作,需要了解电冰箱、空调器的结构,理解其工作原理,掌握其维修方法。本项目主要以 THRHZK-1 型现代制冷与空调系统技能实训装置为例进行学习,该系统主要包括电冰箱和空调器两部分,每部分包括制冷系统和电气控制系统,见图 3.0.1。

图 3.0.1　THRHZK-1 型现代制冷与空调系统技能实训装置

学习目标

1. 了解电冰箱、空调器制冷系统和电气控制系统的结构。
2. 理解空调器制冷、制热的原理。
3. 掌握组装与调试电冰箱、空调器的技巧。
4. 会检测电冰箱、空调器零部件的质量。
5. 会清洗制冷系统及其部件,并会对制冷系统进行试压、检漏。
6. 会对制冷系统进行抽真空和充注制冷剂。
7. 用联系的观点分析整机装配工艺与各工位工艺之间的关系,阐述如何从整机装配效率出发,优化整机装配工艺和各工位工艺,培养学生的创新精神和工匠精神。
8. 用矛盾的同一性和斗争性的辩证关系原理分析工艺质量问题,阐述如何分析主要矛盾、次要矛盾,并用科学的方法解决矛盾,培养学生科学精神。

安全规范

1. 制冷设备在充注或排放制冷剂时，应打开门窗，保持空气流通。操作岗位应在上风处，防止因缺氧而窒息。

2. 维修制冷设备时，应随时随地保持工作环境的清洁，防止灰尘、水分和其他杂物进入制冷系统。

3. 在通电前，制冷设备的接地线应完好。接线头的金属部分不应裸露，若有，应重接，否则，不准通电。

4. 在拆装压缩机时，注意拆装顺序，不要搞错。选用工具要准确，拆螺钉时，用力要适当，以避免身体或设备受损。

5. 使用氮气试压吹气时，通常装减压阀；搬运钢瓶要小心轻放，开启钢瓶阀门，应站在阀的侧面，缓慢开启。

任务一 认识、检测制冷系统部件

电冰箱、空调器由压缩机、冷凝器、毛细管、蒸发器等部件组成。它们在制冷系统中的作用是什么？结构是怎样的？质量如何判断？这些部件的常见故障特征是什么？通过学习本任务可以找到上述问题的答案。从图 3.1.1 中可以找到这些部件。

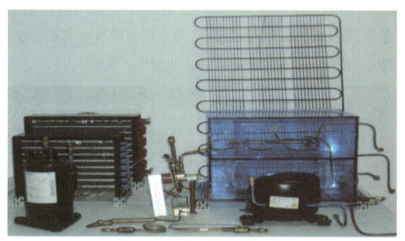

图 3.1.1 制冷系统常见部件

一、任务描述

本任务首先认识制冷系统常见部件，了解各部分作用、结构及常见故障；然后对往复活塞式压缩机电动机绕组质量进行检测；最终达到认识制冷系统常见部件的目的。要完成这一任务，需要准备热交换器、毛细管、干燥过滤器、电磁四通阀及往复活塞式压缩机。完成本任务预计需要 90min。其作业流程见图 3.1.2。

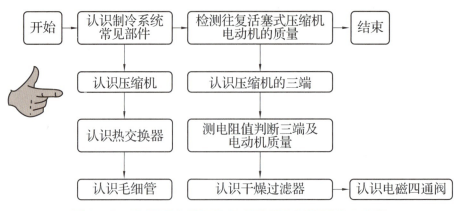

图 3.1.2　认识制冷系统的构成及压缩机检测作业流程

二、任务目标

1）认识制冷系统常见部件。

2）学会往复活塞式压缩机的检测方法。

三、作业进程

1. 认识制冷系统常见部件

（1）认识压缩机

根据热传递过程可知，热量不能够自发地、不付出任何代价地从一个低温物体传到另一个高温物体。压缩机就像制冷系统的"心脏"，是整个制冷系统的动力来源。简单地说，压缩机在制冷系统中的作用就是吸入制冷剂工质气体，提高压力，创造向高温放热而液化的条件。

压缩机的种类很多，THRHZK-1 型现代制冷与空调系统技能实训装置中电冰箱主要使用的是往复活塞式压缩机，而空调器使用的是旋转式压缩机，见图 3.1.3。

图 3.1.3　压缩机

1）外形特征。

往复活塞式压缩机一般用在电冰箱中。其中，红色的是高压排气管，蓝色的是低压吸气管，压缩机左边蓝色的管道是维修工艺管，维修工艺管后是压缩机的电源接盒。高压排气管（红色）与低压吸气管（蓝色）相比较，高压排气管管径要比低压吸气管管径小。

旋转式压缩机一般用在空调器中。其中，红色的是高压排气管，蓝色的是低压吸气管。

2）作用。压缩机是制冷设备的"心脏"，压缩机电动机为制冷设备提供原动力，将电能转换为机械能，实现制冷剂在制冷系统中的循环。

【想一想】为什么往复活塞式压缩机高压排气管管径要比低压吸气管管径小？

（2）认识热交换器

热交换器是利用液态制冷剂汽化时吸热、蒸气冷凝时放热的原理制成的，是制冷设备中不可少的换热器。它包括冷凝器和蒸发器两个部分。电冰箱中，制冷剂在箱外冷凝器放热液化，在箱内蒸发器吸热汽化。空调器中，如果在制冷状态下，室外热交换器（冷凝器）放热液化，室内热交换器（蒸发器）吸热汽化；如果在制热状态下，室内热交换器（冷凝器）放热液化，室外热交换器（蒸发器）吸热汽化。热交换器的种类比较多，下面就来认识 THRHZK-1 型现代制冷与空调系统技能实训装置热交换器的外形特点。

1）电冰箱冷凝器。

①外形特征：冷凝器属于钢丝式冷凝器，它是在蛇形复合管的两侧点焊直径为 1.6mm 的碳素钢丝构成的，见图 3.1.4。

②作用：由压缩机送出来的高温高压的制冷剂气体在冷凝器中通过与外界空气进行热交换放出热量，将高温高压的制冷剂气体冷凝液化成常温高压的液体。

2）电冰箱蒸发器。

①外形特征：蒸发器属于管板式蒸发器。管板式蒸发器是用紫铜管或铝管盘绕在黄铜板或铝板围成的矩形框上焊制或粘接而成的，见图 3.1.5。

②作用：常温低压的制冷剂液体和气体在蒸发器中体积膨胀汽化（主要是蒸发）吸热。

图 3.1.4　电冰箱冷凝器

图 3.1.5　电冰箱蒸发器

3）空调器室外热交换器和室内热交换器。

①外形特征：室内、外热交换器结构相同，在 9~10mm 直径的 U 形铜管上，按一定片距套装一定数量的片厚为 0.2mm 的铝质翅片，经过机械胀管和用 U 形弯头焊接相邻的 U 形管后，就构成了一排排带肋片的管内为制冷剂通道，管外为空气通道的热交换器。室内热交换器既可以起到冷凝器的作用，又可以起到蒸发器的作用，相应的室外热交换器也是如此，见图 3.1.6。

②作用：制冷剂在热交换器中进行吸热或放热，达到制冷或制热的目的。

图 3.1.6　室外热交换器、室内热交换器

【想一想】同是换热器，电冰箱冷凝器和蒸发器能互换位置吗？

（3）认识毛细管

毛细管的作用是节流降压，功能是保持蒸发器与冷凝器之间的压力差，保证蒸发器降压到规定的压力（规定的温度）下，使制冷剂蒸发吸热，使冷凝器中的气态制冷剂在适当的高压（高温）下散热冷凝。同时，它又能控制制冷剂的流量，使蒸发器保持合理的温度，保证电冰箱安全、经济地运行。毛细管价格低廉，工艺简单，容易生产，在小型制冷设备中应用广泛。图 3.1.7 所示为两种常见的毛细管。

图 3.1.7　两种常见的毛细管

1）外形特征：电冰箱制冷系统中，毛细管是长度为 2~4m，内径为 0.15~1mm，外径为 2~3mm 的紫铜管；毛细管一般加工成螺旋形，以增大液体流动时的阻力。

2）毛细管的故障特征。

①冰堵：由于制冷剂中存在水分，当温度降低时，毛细管出口处发生冻结，影响了制冷剂的循环，使电冰箱制冷能力下降，甚至不制冷。故障表现形式是电冰箱周期性地出现制冷与不制冷现象。

②脏堵：由于制冷剂和润滑油中异物堵塞毛细管而形成的。其表现为蒸发器不结霜，冷凝器不发热，压缩机运转不停而电冰箱制冷效率差或不制冷。部分堵塞时，将使干燥过滤器温度

明显下降，蒸发器有时会出现结霜现象；完全堵塞时，蒸发器内无制冷剂流动的声音且无霜。

③断裂：由于毛细管细而长且绕多圈置于压缩机旁，在安装、搬运和运转过程中，受到弯折和振动易造成断裂。

【想一想】更换毛细管时，长度和直径能够随意更换吗？

（4）认识干燥过滤器

干燥过滤器主要用于滤除制冷系统中残留的杂质及水分，防止制冷系统因金属屑或氧化物堵塞毛细管造成冰堵或脏堵故障，电冰箱用干燥过滤器见图3.1.8。

图3.1.8　电冰箱用干燥过滤器

1）外形特征：由直径为14~16mm，长度为100~180mm的粗铜管制成。内面装有分子筛和过滤网。它必须安装在毛细管的进口端。制冷剂不同，干燥过滤器也不同。

2）作用：吸附制冷剂中的水分，过滤制冷循环系统中的污物和灰尘。

【想一想】R12和R600a的干燥过滤器是否一样？

（5）认识电磁四通阀

电磁四通阀主要在制热时改变制冷剂流向，实现制热与制冷的转换。它主要用在热泵式空调器中，是冷暖型空调器制冷系统非常重要的换热器件。图3.1.9所示为电磁四通阀的外形。

图3.1.9　电磁四通阀的外形

1）外形特征：电磁四通阀由电磁阀和四通阀两部分构成。四通阀向外有4根管道，分别接冷凝器、蒸发器、压缩机回气管和压缩机高压排气管。

2）判断方法：在断电情况下，用万用表$R \times 100\Omega$挡检测电磁线圈的电阻值。电磁阀线圈阻值随其型号不同而不同，一般阻值为700~1 400Ω。若测得阻值为0Ω，说明线圈短路；若测得阻值为无穷大，说明线圈断路。

> 【想一想】电磁四通阀4根管径能够随意调换接法吗？

2. 检测往复活塞式压缩机电动机的质量

根据工作任务，先认识压缩机三端，然后用万用表分别对三端进行电阻检测。

（1）认识压缩机的三端

压缩机机壳上有3个接线端子（或接线柱），见图3.1.10，制冷设备电路系统和压缩机的连接就是通过这3个接线端子实现的。压缩机的三端分别为公共端（C）、启动绕组端（S）和运行绕组（M），三者的位置必须能够正确判断才能准确地进行连接。

图 3.1.10　压缩机的三端

友情提示

压缩机电动机绕组质量的检测依据如下。

用万用表的 $R×1Ω$ 挡分别测量每两个接线柱之间的电阻值，可得到3个不同的阻值。如果3组数据满足条件：

$$R_{SM} = R_{CS} + R_{CM}; R_{SM} > R_{CS} > R_{CM}$$

即可判断出压缩机的三端和电动机质量。

（2）测电阻值判断三端及电动机质量

1）判断三端电阻检测法的具体操作步骤见图3.1.11。

①将万用表旋至 $R×1Ω$ 挡，调零，见图3.1.11（a）。

②将万用表表笔分别放在压缩机接线柱的其中两端，见图3.1.11（b）。

③实际测得第一组接线端阻值为22Ω，见图3.1.11（c）。

④将万用表表笔分别放在压缩机接线柱的另外两端，见图3.1.11（d）。

⑤实际测得第二组接线端阻值为32Ω，见图3.1.11（e）。

⑥将万用表表笔分别放在压缩机接线柱的下边两端，见图3.1.11（f）。

⑦实际测得第三组接线端阻值为54Ω，见图3.1.11（g）。

项目三　组装电冰箱、空调器制冷系统

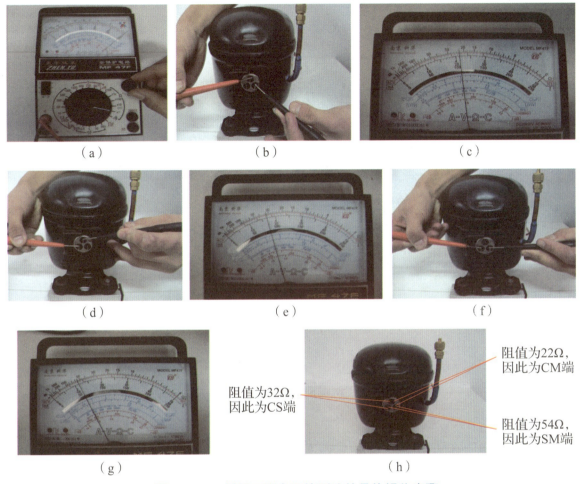

图 3.1.11　判断三端电阻检测法的具体操作步骤

结论：R_{SM} 为 54Ω，R_{CS} 为 32Ω，R_{CM} 为 22Ω［见图 3.1.11（h）］，正好是两组数据之和等于第三组数据，说明压缩机的质量是好的。数据最大的一组的另一端为 M，数据最小的一端为 C，剩下的一端是 S。

2）漏电电阻的检测方法。线圈绕组电阻正常后，应该再次测量接线柱与压缩机外壳的绝缘电阻，任一接线端与机壳之间的电阻若为零，则表明电动机线圈与机壳短路（之间的电阻应大于 2MΩ）。检测漏电电阻的方法见图 3.1.12。

①将万用表旋至 $R×10kΩ$ 挡，调零，见图 3.1.12（a）。

②将万用表其中一支表笔接到压缩机 C 端，另一支表笔接压缩机机壳裸露处进行检测，见图 3.1.12（b）。

③将万用表其中一支表笔接压缩机 M 端，另一支表笔接压缩机机壳裸露处进行检测，见图 3.1.12（c）。

④将万用表其中一支表笔接压缩机 S 端，另一支表笔接压缩机机壳裸露处进行检测，见图 3.1.12（d）。

⑤将万用表检测了三端和机壳的电阻值以后均应大于 2MΩ，见图 3.1.12（e）。

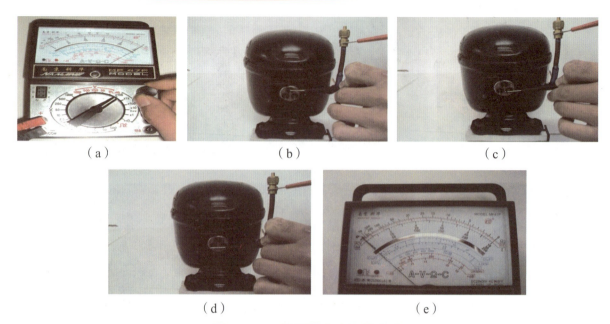

图 3.1.12　检测漏电电阻的方法

友情提示

1）万用表的挡位要选对，一般用 $R×1Ω$ 或 $R×10Ω$ 挡进行压缩机阻值检测。

2）空调器压缩机和电冰箱压缩机检测方法相同。

3）压缩机除了电动机绕组检测方法以外，还应该对压缩机进行空转测试，即检查压缩机的吸气和排气功能，确保压缩机有良好的吸排气功能。

在学习了往复活塞式压缩机电动机质量的检测方法，以及用万用表判断三端的方法后，下面我们来做一做，看谁做得又快又好。

【做一做】每个小组中的同学用万用表检测工位上的压缩机（共5组），先判断出压缩机三端，再判断其好坏，最后检测漏电电阻。

四、技能测评

用 $R×1Ω$ 挡检测并做好记录，根据记录参数画出线圈接线图及判定压缩机漏电电阻好坏，并做好各绕组阻值的记录，写在表 3.1.1 中。

表 3.1.1　压缩机电动机质量测评表

序号	接线图	配分	电动机绕组参数			配分	漏电电阻检测参数			配分	自评	互评	教师评价	平均得分
			1—2	1—3	2—3		C	S	M					
1		10	R_{SM}=（　）+（　）			5	好坏			5				
2		10	R_{SM}=（　）+（　）			5	好坏			5				
3		10	R_{SM}=（　）+（　）			5	好坏			5				
4		10	R_{SM}=（　）+（　）			5	好坏			5				
5		10	R_{SM}=（　）+（　）			5	好坏			5				
安全文明操作														
额定时间														
开始时间				结束时间				实际时间				成绩		
综合评价意见														
评价教师								日期						
自评学生								互评学生						

五、知识广角镜

1. 压缩机

制冷设备所用的压缩机种类较多，常见的有往复活塞式压缩机、旋转式压缩机、涡旋式压缩机 3 种。下面主要介绍这 3 种压缩机的结构和工作原理。

（1）往复活塞式压缩机

电冰箱上常使用往复活塞式压缩机，它与电动机同轴，一起装在密封壳内，所以又称全封闭式压缩机。往复活塞式压缩机通过曲柄连杆（或称曲柄滑块）将电动机的旋转运动变为活塞的往复直线运动，靠活塞在气缸中的运动改变气体的容积来完成气体的压缩与传送，见图 3.1.13。

（2）旋转式压缩机

旋转式压缩机有旋片式和定片式。其中，旋片式压缩机在旋转活塞体上有 2~4 片可滑动的刮片，其作用是在旋转

图 3.1.13　往复活塞式压缩机

过程中压缩气体。定片式压缩机的刮片被装在气缸体上,刮刀刃面刮挤旋转的活塞外圆,见图3.1.14。其特点如下。

1)体积小、结构简单、效率高、噪声低等。

2)易损零件少,运行可靠。

3)没有吸气阀片,余隙容积小,输气系数较高。

4)在相同的冷量情况下,压缩机体积小、质量小、运转平衡。

5)加工精度要求较高。

6)密封线较长,密封性能较差,泄漏损失较大。

(3)涡旋式压缩机

涡旋式压缩机属于一种容积式压缩的压缩机,压缩部件由动涡旋盘和静涡旋组成,见图3.1.15。涡旋式压缩机具有如下特点。

1)相邻两室的压差小,气体的泄漏量少。

2)转矩变化幅度小、振动小。

3)没有余隙容积,故不存在引起输气系数下降的膨胀过程。

4)无吸、排气阀,效率高,可靠性高,噪声低。

5)采用气体支承机构,允许带液压缩。

6)机壳内腔为排气室,减少了吸气预热,提高了压缩机的输气系数。

7)涡线体型线加工精度要求非常高,必须采用专用的精密加工设备。

8)密封要求高,密封机构复杂。

图3.1.14 旋转式压缩机

图3.1.15 涡旋式压缩机

(4)维修压缩机安全注意事项

1)禁止用氧气吹系统。氧气无色无味,无毒,不燃烧,自身无爆炸性,但与其他可燃或易爆气体混合会助燃或爆炸;特别是与油类能产生剧烈化学反应,瞬间爆炸。压缩机内有润滑油,因此要绝对禁止用氧气吹系统,并将氧气瓶远离压缩机维修现场,否则,将造成压缩机爆炸甚至系统爆炸的严重后果。

2）为防止事故发生，确保人身、财产安全，特提出如下要求：

①试机前要有两个确保：

a. 确保高低压阀全部打开。

b. 确保系统无漏点。

②更换压缩机必须在专营场所进行，禁止在用户家中进行；禁止在办公区域和有人群的地方进行。

③更换压缩机后必须用真空泵抽真空，保压正常后才能充入制冷剂。

④禁止用压缩机自身排空，更不允许使用压缩机抽真空。

⑤禁止短接任何与压缩机有关的保护器，如系统低压保护、高压保护，排气温度保护，过载保护，电流相序保护等。

⑥禁止更换非原装的外置保护器，维修结束后一定要恢复原来的接线方式，严禁改动线路。

2. 热交换器

热交换器的种类很多，根据用途可以分为冷凝器和蒸发器。冷凝器的作用是放热，蒸发器的作用是吸热。根据需要，冷凝器可以转化为蒸发器。冷凝器和蒸发器都有很多种类，下面分别进行介绍。

（1）冷凝器的种类

1）水冷式冷凝器：水冷式冷凝器就是用水将热带走，从而达到冷却目的。它传热效率高，结构比较紧凑，适用于大、中型制冷设备。

2）空冷式冷凝器：空冷式冷凝器主要利用空气自然对流来进行散热，安装、使用方便，特别适合小型制冷设备。

3）蒸发式和淋激式冷凝器：蒸发式和淋激式冷凝器是利用水在管外蒸发时吸热而使管内制冷剂蒸气冷凝的一种装置。这种冷凝器主要用于缺水地区，安装也并不多见。

下面主要介绍制冷、制热过程中常见的几种冷凝器。

①百叶窗式冷凝器：一般用直径为 5mm 左右、壁厚为 0.75mm 的铜管或复合管弯曲成蛇形管，机卡或电焊在厚度为 0.5mm、冲有 700~1 200 个孔的百叶窗形状的散热片上，靠空气的自然对流散热来形成冷凝条件，见图 3.1.16。

②钢丝式冷凝器：它是在蛇形复合管的两侧点焊直径为 1.6mm 的碳素钢丝构成的，每面用 70 根钢丝，两面共用 140 根钢丝。钢丝式冷凝器具有散热面积大、热效率高、工艺简单、成本低廉等优点，普遍应用于电冰箱，见图 3.1.17。

③内嵌式冷凝器：它是将冷凝器盘管安装在箱体外皮内侧与

图 3.1.16　百叶窗式冷凝器

绝热材料之间，利用箱体外皮散热来达到管内制冷剂冷凝目的。内嵌式冷凝器的优点是可以保证冷凝器有合理的尺寸；对外壳加热，可以防止结露；工艺简单，成本低；外观整洁。其缺点是散热性能不如百叶窗式和钢丝式，维修不方便，见图3.1.18。

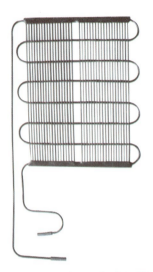

图 3.1.17　钢丝式冷凝器

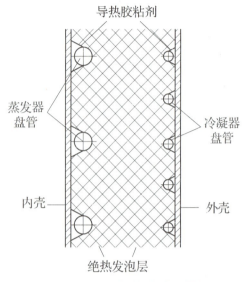

图 3.1.18　内嵌式冷凝器

④翅片式冷凝器：这种冷凝器通常用在空调器上，采用空气强迫对流的方法来进行散热，见图3.1.19。它的结构是在直径为9~10mm的U形铜管上，按一定片距套装上一定数量片厚为0.2mm的铝质翅片，经机械胀管和用U形弯头焊接上相邻的U形管口后就构成了一排排带肋片的冷凝器。翅片常见的有波纹形状翅片、波纹条孔形翅片、平面形翅片和平面条孔翅片，其中波纹条孔形翅片散热效果最好。

⑤套管式冷凝器：制冷剂的蒸气从冷凝器上方进入内外管之间的空腔，在内管外表面冷凝，液体在外管底部依次下流，从冷凝器下端流入储液器中。冷却水从冷凝器的下方进入，依次经过各排内管从上部流出，与制冷剂呈逆流方式。这种冷凝器的优点是结构简单，便于制造，且因其为单管冷凝，介质流动方向相反，故传热效果好。套管式冷凝器的缺点是金属消耗量大，而且当纵向管数较多时，下部的管子充有较多的液体，使传热面积不能充分利用。另外，其紧凑性差，清洗困难，并需大量连接弯头。因此，这种冷凝器在氨制冷装置中已很少应用，但小型氟利昂空调机组仍广泛使用。套管式冷凝器见图3.1.20。

图 3.1.19　翅片式冷凝器

图 3.1.20　套管式冷凝器

（2）蒸发器的种类

蒸发器的种类很多，这里主要介绍常见的3种蒸发器。

1）液体冷却式：冷却液体或液体载冷剂的蒸发器，称为液体冷却器。其中制冷剂既有在管内蒸发的，又有在管外蒸发的，液体载冷剂可在泵的作用下进行开或闭循环。

2）空气冷却式：冷却空气的蒸发器。通常制冷剂在管内流动并蒸发，空气在管外自然循环、对流或空气强迫循环流动并被冷却。

3）固体冷却式：冷却固体接触式蒸发器，它是随着冷冻工艺的发展而出现的一种新类型。

下面介绍电冰箱及空调器中常见的蒸发器。

①铝复合板式蒸发器：铝复合板式蒸发器（见图3.1.21）是利用铝锌铝3层复合金属冷轧板吹胀加工而成的。它利用自然对流方式使空气循环，特点是传热效率高、降温快、结构紧凑、成本低，主要用在直冷式单门或双门电冰箱。

②管板式蒸发器：管板式蒸发器（见图3.1.22）是用紫铜管或铝管盘绕在黄铜板或铝板围成的矩形框上焊制或粘接而成的，具有结构牢固可靠、设备简单、规格变化容易、使用寿命长、不需要高压吹胀设备等优点，但传热性差。它主要用于直冷双门电冰箱的冷冰室。

图3.1.21　铝复合板式蒸发器

图3.1.22　管板式蒸发器

③单背翼片管式蒸发器：单背翼片管式蒸发器（见图3.1.23）由蛇形盘管和行高15~20cm经弯曲成形的翼片组成。它多用在小型冷库和直冷式双门电冰箱的冷藏室，结构简单，除霜方便，一般不用维修，缺点是自然对流对空气流速慢，传热性能较差。

④翅片盘管式蒸发器：翅片盘管式蒸发器（见图3.1.24）主要由蒸发管和铝制翅片组成。和翅片冷凝器一样，其大多数用作空调中的换热器。翅片盘管式蒸发器的特点是散热效率高、体积小、寿命长等。

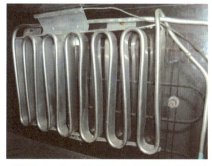

图3.1.23　单背翼片管式蒸发器

图3.1.24　翅片盘管式蒸发器

3. 干燥过滤器

图 3.1.25 所示为干燥过滤器的结构。其外壳用紫铜管收口成形，两端进出接口有同径和异径两种，进端为粗金属网，出端为细金属网，可以有效地过滤杂质。内装吸湿特性优良的分子筛作为干燥剂，以吸收制冷剂中的水分，确保毛细管畅通和制冷系统正常工作。当干燥剂因吸收水过多而失效时，应该及时进行更换。干燥过滤器的种类见图 3.1.26。

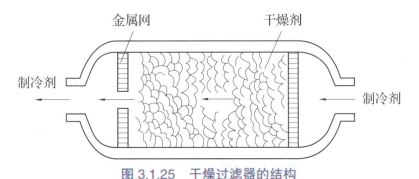

图 3.1.25 干燥过滤器的结构

干燥过滤器的常见故障如下：干燥过滤器因吸收水分太多而不能继续使用，需进行再生活化处理，也容易出现脏堵和冰堵。其冰堵表现为制冷剂流动声音微弱，温度明显低于环境温度甚至出现结霜现象，但经过一段时间后又会正常制冷，而过一段时间又出现上述故障。其脏堵的特征和毛细管冰堵基本相同，干燥过滤器的脏堵是由于机械磨损产生的杂质，制冷系统在装配时未清除干净，或制冷剂、冷冻油中有杂质而产生的故障，故障特征与毛细管出现脏堵时基本一致。

图 3.1.26 干燥过滤器的种类

4. 热力膨胀阀

热力膨胀阀的外形结构见图 3.1.27，它主要分为内平衡热力膨胀阀和外平衡热力膨胀阀两种，分别见图 3.1.28 和图 3.1.29。

热力膨胀阀的作用如下。

1）节流作用：高温高压的液态制冷剂经过膨胀阀的节流孔节流后，成为低温低压雾状的液压制冷剂，为制冷剂的蒸发创造条件。

2）控制制冷剂的流量：进入蒸发器的液态制冷剂，经过蒸发器后，制冷剂由液态蒸发为气态，吸收热量，降低温度。膨胀阀控制制冷剂的流量，保证蒸发器的出口完全为气态制冷剂，若制冷剂流量过大，出口含有液态制冷剂，可能进入压缩机产生液击；若制冷剂流量过小，提前蒸发完毕，会造成制冷不足。

图 3.1.27 热力膨胀阀的外形结构

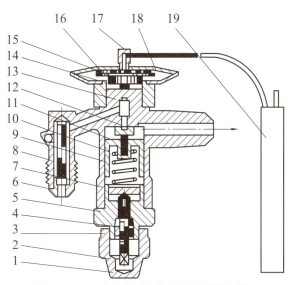

图 3.1.28 内平衡热力膨胀阀的结构

1—密封盖；2—调节杆；3—垫料螺母；4—密封填料；5—调节座；6—喇叭接头；7—调节垫块；
8—过滤网；9—弹簧；10—阀针座；11—阀针；12—阀孔；13—阀体；14—顶杆；15—垫；16—动力室；
17—毛细管；18—传动膜片；19—感温包

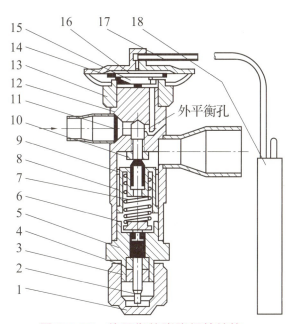

图 3.1.29 外平衡热膨胀阀的结构

1—密封盖；2—调节杆；3—垫料螺母；4—密封填料；5—调节座；6—调节垫块；7—弹簧；8—阀针座；
9—阀针；10—阀孔座；11—过滤网；12—阀体；13—动力室；14—顶杆；15—垫块；16—传动膜片；
17—毛细管；18—感温包

热力膨胀阀常见故障如下。

1）热力膨胀阀感温系统内充注的感温液体泄漏。当热力膨胀阀感温系统内的工质泄漏后，作用在膜片上面的力将减小，使热力膨胀阀打不开。

2）热力膨胀阀传动杆过短或弯曲。当传动杆弯曲或过短时，膜片上的力不能传递到阀针座上，阀针始终处于向上的趋势，膨胀阀升启不足或不能打开。

3）热力膨胀阀关不小。这主要是由于传动杆在检修时，延伸太长，使阀针关不小；或调节弹簧的预紧力不足，阀针孔关不小，也有可能是由于感温包离蒸发器出口太远，或未与吸气管一道隔热而受外界高温干扰的影响。

4）热力膨胀阀进口端的小过滤器堵塞，即产生脏堵。

5）在以氟利昂为制冷剂的制冷系统中，当含有水分时，易在热力膨胀阀处造成冰堵现象。

6）油堵。压缩机在运行时，若选用的压缩机油的品种规格、数量与要求不符，或油质较差，在蒸发温度低于一定温度时，油中的蜡分将分离出来，阻塞热力膨胀阀的过滤网或阀针孔。

5. 电子膨胀阀

电子膨胀阀的外形和内部结构见图3.1.30。

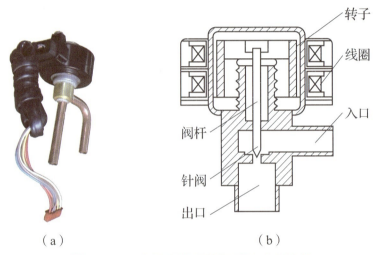

图 3.1.30　电子膨胀阀的外形和内部结构
（a）外形；（b）内部结构

电子膨胀阀是制冷系统中节流阀的一种，其主要优点是能够精确控制制冷剂流量，从而达到精确控制蒸发温度的目的。电子膨胀阀通常在控温精度要求比较高的场合使用，其可以在 –70℃以下正常工作，但热力膨胀阀最低只能达到 –60℃。

电子膨胀阀由微计算机控制，通过温度传感器检测蒸发器内制冷剂的状态来控制膨胀阀的开度，直接改变蒸发器中制冷剂的流量。

温度传感器安装在蒸发器的入口，将检测出蒸发器内制冷剂的状态信息传送给微计算机，微计算机根据温度设定值与室温的差值进行比较和积分计算后，控制脉冲式电动机。微计算机发出正向指令信号序列给各绕组加上驱动电压，使电动机旋转，当微计算机指令信号序列相反时，电动机反转。指令信号（脉冲信号）可以控制电动机正、反向自由转动，传动机构则带动阀针上、下移动，使阀门开度发生变化，从而实现调节制冷剂流量的目的。

电子膨胀阀损坏后，会使制冷系统的供液量失控，造成制冷（热）效果差的故障。更换时不能采用普通膨胀阀代换，必须更换同型号电子膨胀阀，才能保证空调器的制冷（制热）性能。

6. 闸阀元件

闸阀元件较多，常见的有4种，它们在制冷制热中应用非常广泛，下面分别进行介绍。

（1）电磁四通阀

1）电磁四通阀的外形见图3.1.31，内部结构见图3.1.32。电磁四通阀主要用在热泵型空调器中，它利用电磁阀的作用改变制冷剂的流向，从而达到制冷或制热的目的。电磁四通阀由电磁阀和四通阀两部分组成。

图3.1.31 电磁四通阀的外形

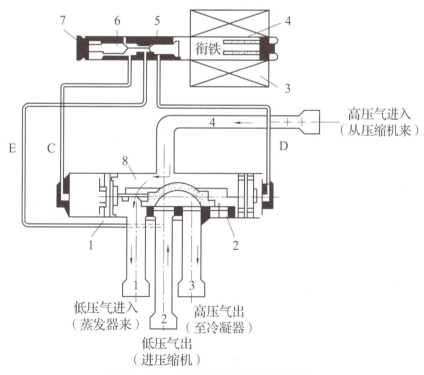

图3.1.32 电磁四通阀的内部结构
1，2—活塞；3—电磁线圈；4，7—弹簧；5，6—阀芯；8—本体

2）电磁四通阀的工作过程。电磁四通阀的工作过程包括制冷和制热工作过程，制冷工作过程见图3.1.33，制热工作过程见图3.1.34。

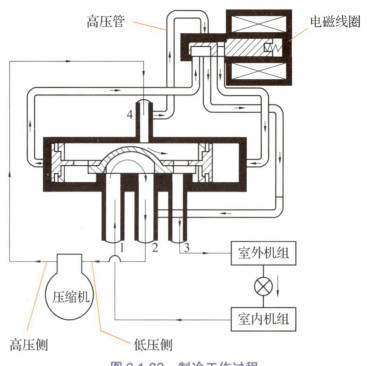

图 3.1.33 制冷工作过程

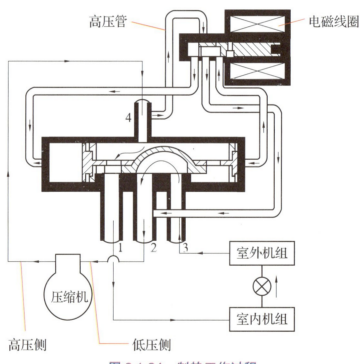

图 3.1.34 制热工作过程

制冷工作过程：当空调器为制冷时，制冷剂从压缩机的高压管出来后，由电磁四通阀的4号管进入，由于电磁四通阀没有得电，制冷剂从3号管出来到室外机组进行放热降温，再经过节流装置进行节流降压后来到室内机组，进行吸热，最后到四通阀的1号管进去，2号管出来，回到压缩机完成一次制冷循环。

制热工作过程：当空调器为制热时，制冷剂从压缩机的高压管出来后，由电磁四通阀的4号管进入，由于电磁阀得电，四通阀工作，制冷剂从1号管出来到室内机组进行放热，再经过节流装置进行节流降压后来到室外机组，进行汽化，最后到四通阀的 3 号管进去，2 号管出来，回到压缩机完成一次制热过程。

（2）双向电磁阀

双向电磁阀的外形见图 3.1.35。

双向电磁阀是在制冷系统中用作执行制冷剂在制冷系统中"通或断"的自控阀。它可以控制制冷剂的流量及流向。

（3）单向阀

单向阀的外形见图 3.1.36。单向阀又称止回阀，在制冷系统中的主要作用是只允许制冷剂向某一个方向流动，而不会倒流。单向阀主要用在分体热泵型空调器中控制冷热不同状态下制冷剂流向。

图 3.1.35 双向电磁阀的外形

图 3.1.36 单向阀的外形

（4）截止阀

截止阀的外形见图 3.1.37。截止阀通常用在分体空调器室外机中，用于连接内机的气管和液管。截止阀是一种管路关闭阀，用手动方式控制阀芯，起到打开或关闭制冷管道的作用。同时，它也是空调维修制冷系统的重要器件之一。截止阀按结构分为两通截止阀和三通截止阀。

图 3.1.37 截止阀的外形

六、检测与评价

1. 判断题（每题 10 分，共 50 分）

（1）制冷设备在进行更换毛细管时，长度和直径能够随意更换。　　　　　　　　　（　　）

（2）所有电冰箱的干燥过滤器都是一样的，维修时可以进行互换。　　　　　　　　（　　）

（3）内嵌式冷凝器是把电冰箱的冷凝器镶嵌在电冰箱外壳上。　　　　　　　　　　（　　）

（4）电磁四通阀在安装时没有特别要求，4 根管可以互换。　　　　　　　　　　　（　　）

（5）截止阀主要用于空调室外机。　　　　　　　　　　　　　　　　　　　　　　（　　）

2. 填空题（每题 10 分，共 50 分）

（1）全封闭式压缩机的种类有_____、_____、_____。

（2）常见空冷式冷凝器的种类有_____、_____、_____、_____、_____。

(3)常见蒸发器的种类有_____、_____、_____、_____。

(4)压缩机电动机绕组分为_____和_____。

(5)电磁四通阀的作用是_____。

任务二 组装制冷系统

本项目任务一中介绍了电冰箱、空调器制冷系统的常见部件。那么,怎样把它们连接起来构成一个制冷循环系统呢?

一、任务描述

本任务首先学习如何安装电冰箱的制冷系统部件,然后学习如何安装空调器的制冷常用部件,从而达到熟悉电冰箱和空调器的制冷系统结构的目的。要达到这一目的需要准备THRHZK-1型现代制冷与空调系统技能实训装置及相应工具。完成这一任务需要180min,其作业流程见图3.2.1。

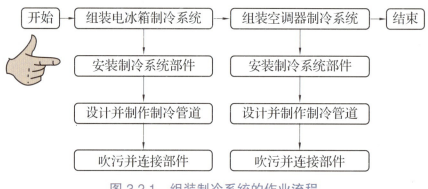

图3.2.1 组装制冷系统的作业流程

二、任务目标

1)会在工作台设计电冰箱和空调器制冷系统管道。

2)会安装空调器和电冰箱制冷系统常用部件及其管道。

三、作业进程

1. 组装电冰箱制冷系统

通过电冰箱制冷系统的组装,加深对电冰箱制冷系统组成结构的了解,熟悉制冷系统中各部分的作用,为今后实际生产、维修电冰箱打下坚实的基础。根据工作任务要求,在操作平台上将电冰箱组装起来,全过程分为安装制冷系统部件、设计并制作制冷管道、吹污并连接部件3个步骤来完成。

（1）安装制冷系统部件

在操作平台上完成制冷系统各部件的安装，具体步骤见图 3.2.2。

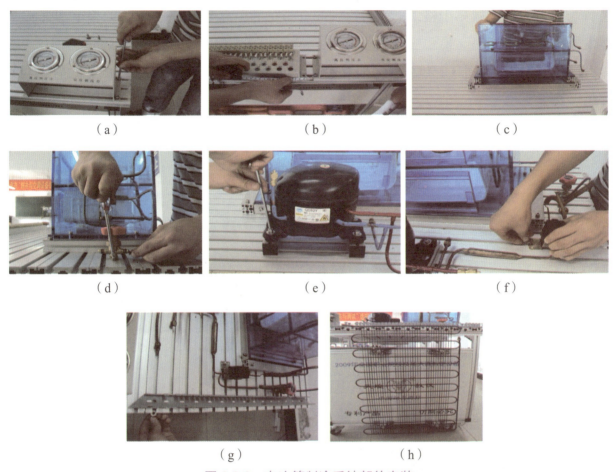

图 3.2.2　电冰箱制冷系统部件安装

部件安装步骤如下。

1）安装电冰箱压力表［见图 3.2.2（a）］：先将螺母放进操作平台右边向上数第一格和第三格卡槽内；然后量好压力表右边到操作平台的距离为 2.5cm；最后用内六角螺钉将压力表固定在实训平台上。

2）安装接线的端子排［见图 3.2.2（b）］：首先将螺母从操作平台的左边向上数第一格和第二格放进去；然后将接线的端子排放在操作平台上，量好端子排和压力表之间的距离是 1.5cm；最后用内六角螺钉将其固定好。

3）安装电冰箱的蒸发器［见图 3.2.2（c）］：首先安装蒸发器底座的螺母，从上至下应在第三排和第九排安插螺母；把内六角螺钉拧好，再将接水盘的底座安装上去；从实训平台右边开始量，距离应在 14cm；把安装接水盘的螺母放进去；把蒸发器的接水盘放上去，并用内六角螺钉固定好；把蒸发器放进接水盘中，用内六角螺钉拧紧。

4）安装手阀［见图 3.2.2（d）］：用螺钉旋具将手阀紧固在操作平台指定的位置上。

5）安装压缩机［见图 3.2.2（e）］：安装时需要用到固定压缩机的螺母。分别把两颗螺母放到从工作台右下方向上数第七格和第九格中；安装好压缩机的底座后，把固定压缩机的 4 颗小螺母放进去；把压缩机放上去，并且用相应的螺母固定。

6）安装二位三通电磁阀［见图3.2.2（f）］：将二位三通电磁阀固定在操作平台上，固定的位置为右下方往上数第十格，桌面右边到起合螺母的距离是16cm，并把两根毛细管所连接的蒸发器连接好。

7）安装线槽［见图3.2.2（g）］：把右边工位的线槽安装好，因为冷凝器安装需要从线槽中穿过。

8）安装冷凝器［见图3.2.2（h）］：把电冰箱的冷凝器安装到操作平台的右侧方，在侧面分别有4个固定的柱子，用内六角螺钉固定好即可。

友情提示

1）在组装制冷系统部件时，安装的位置和距离要准确。
2）每个部件必须安装牢固。
3）需要用内六角扳手的不能用一字螺钉旋具代替。
4）安装过程中不要损坏部件。

（2）设计并制作制冷管道

在已完成制冷系统各部件安装的平台上设计并制作管道。

1）设计并制作视液镜到冷凝器的管道。从视液镜到冷凝器的管道弯曲较多，每一部分如何测量？测量的数据是多少？视液镜到冷凝器管道的设计见图3.2.3。

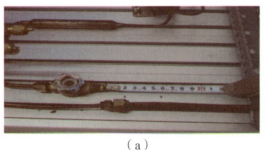
（a）

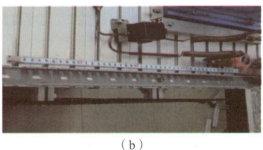
（b）

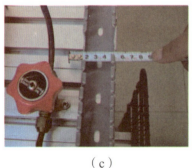
（c）

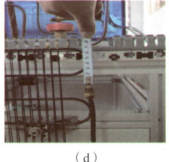
（d）

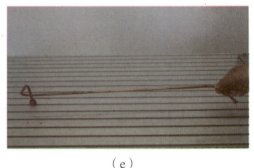
（e）

图3.2.3 视液镜到冷凝器管道的设计

具体设计步骤如下。

①用卷尺（或直尺）测量出从视液镜到线槽的有效数据［见图3.2.3（a）］。测量时，卷

尺（或直尺）应与线槽成90°角，这样测量的数据才准确。测量结果是12cm，做好标记；量取通过90°弯曲后的弧长，并做好标记。

②用卷尺（或直尺）测量出平行于线槽的有效数据［见图3.2.3（b）］。量得平行于线槽的数据为44cm左右。数据获得的原则是测量的终点应与冷凝器的接头处在同一直线上。

③测量90°转角后穿过线槽的尺寸，它们的距离大概为9cm。

④测量线槽倒角到冷凝器上的距离，为8.5cm，见图3.2.3（d）。

⑤根据以上尺寸和实际安装平台做出一根连接铜管，见图3.2.3（e）。注意，需要在管口两侧做出喇叭形口，并套上纳子。

2）设计并制作从蒸发器的出口到压缩机的回气管道。从蒸发器的出口到压缩机的回气管道弯曲较多，每一部分怎样测量？蒸发器的出口到压缩机的回气管道见图3.2.4。

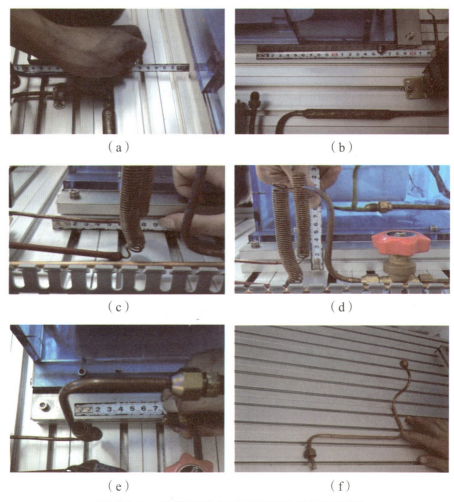

图3.2.4　蒸发器的出口到压缩机的回气管道

①量回气管到蒸发器这一段距离，约为6.5cm，见图3.2.4（a）。

②沿着蒸发器这一段距离是22cm，见图3.2.4（b）。

③图3.2.4（c）倒角过来是9cm。

④图3.2.4（d）中这一段距离是8cm。

⑤连接蒸发器的距离是7.5cm，见图3.2.4（e）。

⑥设计好管道图样后,用弯管器将6mm铜管制作弯曲后套上纳子做好喇叭形口,效果图见图3.2.4(f)。

(3)吹污并连接部件

1)部件吹污。部件吹污就是将部件中的污垢和水分用氮气清除干净(简称吹污),见图3.2.5。

①准备好氮气瓶,将减压阀安装到氮气瓶阀门处。调整氮气瓶上的减压阀,将氮气压力调至0.4MPa,见图3.2.5(a)。

②清洗冷凝器,用公英制转换接头将压力表与冷凝器连接起来,打开压力表,用大拇指按住另一端,当氮气冲进冷凝器拇指按不住时突然放开,利用瞬间的高压使冷凝器中的杂质随氮气冲出来,这样反复3次,完成对冷凝器的吹污,见图3.2.5(b)。

③使用同样的方法对二位三通电磁阀进行吹污,见图3.2.5(c)。应当注意的是,当二位三通电磁阀没有得电时,氮气应该从冷藏室那根管吹出来;当二位三通电磁阀得电时,氮气应该从冷冻室这根管吹出来。

④蒸发器的吹污方法及过程和冷凝器差不多,可以分别对冷藏室和冷冻室进行吹污,见图3.2.5(d)。

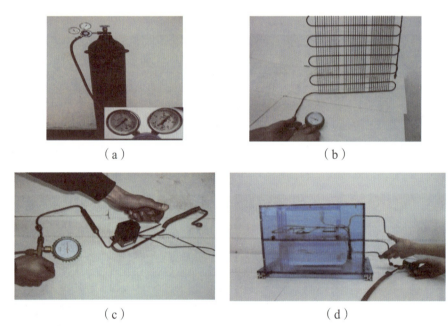

图3.2.5 部件吹污

2)连接部件。连接部件就是用已经做好的铜管将部件连成一个封闭的制冷循环系统,连接的先后顺序与制冷剂流向一致,见图3.2.6。

①将压缩机高压管与冷凝器入口端连接,先用手固定,再用扳手把纳子拧紧,见图3.2.6(a)。

②将已经做好的铜管安装在冷凝器和视液镜之间,先用手固定,再用扳手把纳子拧紧,见图3.2.6(b)。

③连接干燥过滤器、二位三通电磁阀和毛细管,见图3.2.6(c)。先将视液镜出口端连接

到干燥过滤器的入口端,然后将二位三通电磁阀支路的毛细管出口端与闸阀连接,通过闸阀与冷冻室蒸发器入口相连接;最后将主路毛细管的出口端连接到分别冷藏室的蒸发器入口端。

④将已经做好的铜管一端连接在蒸发器出口端,另一端连接在压缩机回气管,先用手固定,再用扳手把纳子拧紧,见图3.2.6(d)。

⑤将高低压压力表与制冷系统中的高低压连接,见图3.2.6(e)。用手固定拧紧,能够随时观察制冷系统内的高低压压力。

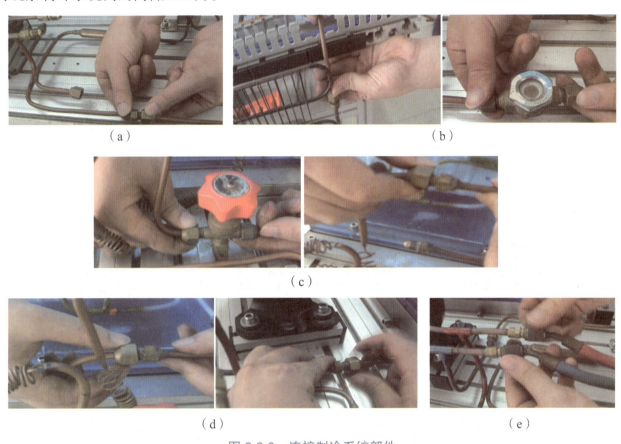

图3.2.6 连接制冷系统部件

友情提示

1)在组装制冷系统部件时,注意安装的位置和距离;使用弯管器时,注意核算铜管的长度,否则极易浪费铜管;做喇叭形口时,小心裂口,否则会造成制冷剂泄漏。

2)在用扳手拧紧纳子时,用力不能太大,否则喇叭形口会破裂。

【想一想】各制冷系统部件连接不做喇叭口行不行?

2. 组装空调器制冷系统

根据工作任务要求,在操作平台上组装空调器,分为安装制冷系统部件、设计并制作制冷管道和吹污并连接部件3个步骤完成。

(1) 安装制冷系统部件

在操作平台上完成制冷系统各部件的安装，具体步骤见图3.2.7。

1）安装室内热交换器［见图3.2.7（a）］，先测量好接水盘底座的距离，再固定好。先将室内热交换器安装进接水盘中，再用内六角螺钉固定。

2）安装室外热交换器［见图3.2.7（b）］，先在室内热交换器的边上组装室内热交换器的接水盘，然后把室外热交换器放进接水盘中，用内六角螺钉固定好。

3）室内外热交换器安装后，需要把两个用于连接室内外热交换器的截止阀安装到操作台面上，见图3.2.7（c）。

4）安装电磁四通阀，见图3.2.7（d）。安装电磁四通阀时，从操作平台的右方第八排固定，并和低压截止阀相连接。

5）安装压缩机，见图3.2.7（e）。先把压缩机的底座固定在工作台上，将内六角螺钉安装到工作台左下方往上数第六和第十排，然后把压缩机用内六角固定在底座上。

6）安装空调器的高低压压力表，见图3.2.7（f）。将内六角螺钉安装在左下方往上数第一和第二排，量好之间的距离并将其固定。

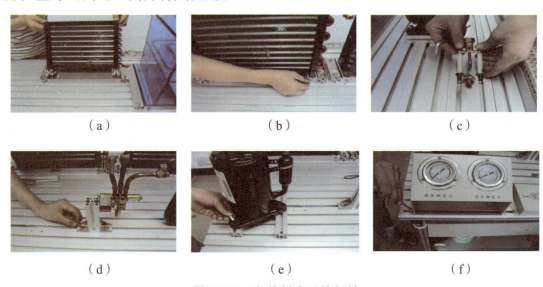

图3.2.7 安装制冷系统部件

(2) 设计并制作制冷管道

在已完成制冷系统各部件安装的平台上设计并制作制冷系统管道，根据工作台的实际，需要设计5根管道。设计方法与电冰箱管道的设计方法相同，就是一段一段地测量出数据，然后弯曲成形。图3.2.8所示为已经加工成形的管道。

1）四通阀到室外热交换器上边进气管的连接铜管见图3.2.8（a）。用卷尺量好从四通阀到室外热交换器上边进气管之间的距离并设计好管道图样后，用弯管器将直径为9.5mm的铜管制作好后套上纳子做好喇叭形口。

2）室外热交换器到视液镜之间的连接铜管见图3.2.8（b）。用卷尺量室外热交换器到视液镜之间的距离并设计好管道图样后用弯管器将直径为6mm的铜管制作好并套上纳子做好喇叭形口。

3)视液镜到单向阀之间的连接铜管见图3.2.8(c)。用卷尺量出从视液镜到单向阀这一段的距离并设计好管道图样后,用弯管器将6mm铜管制作弯曲后套上纳子做好喇叭形口。

4)高压截止阀到室内热交换器之间的连接铜管见图3.2.8(d)。用卷尺量高压截止阀到室内热交换器下边进气管之间的距离并设计好管道图样后,用弯管器将直径为6mm的铜管制作弯曲后先套上保温管后套上纳子做好喇叭形口。

5)室内热交换器到低压截止阀之间的连接铜管见图3.2.8(e)。用卷尺量好距离并设计好管道图样后,用弯管器将直径为9.5mm的铜管制作并弯曲好后套上保温管及纳子做好喇叭形口。

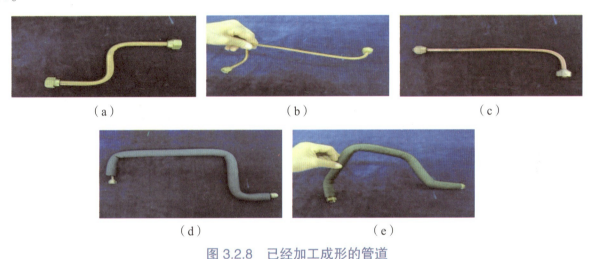

图3.2.8 已经加工成形的管道

(3)吹污并连接部件

1)部件吹污。吹污就是用氮气对空调器中的几个大件进行清洁处理,操作步骤见图3.2.9。

①准备好氮气瓶,将减压阀安装到氮气瓶阀门处。调整氮气瓶上的减压阀,将氮气压力调至0.4MPa,见图3.2.9(a)。

②毛细管吹污,把压力表用公英制转换接头和冷凝器连接起来,然后打开压力表,用大拇指按住另一端,当氮气冲进冷凝器拇指按不住时突然放开,利用瞬间的高压使冷凝器中的杂质随氮气冲出来,这样反复3次,完成对冷凝器的吹污,见图3.2.9(b)。

③冷凝器吹污,同毛细管吹污方法,见图3.2.9(c)。

④蒸发器吹污,吹污方法及过程和冷凝器差不多,但要分别对冷藏室和冷冻室进行吹污,见图3.2.9(d)。

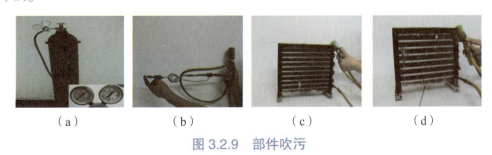

图3.2.9 部件吹污

2）连接部件。连接部件就是用已经做好的铜管将部件连成一个封闭的制冷循环系统，连接的先后顺序与制冷剂流向一致，见图3.2.10。

图 3.2.10 连接制冷系统部件

①连接压缩机到电磁四通阀的进气端，见图3.2.10（a）。这段制冷管道一端是压缩机排气管，一端是四通阀的进气管，先用手固定，再用扳手把纳子拧紧。

②用制作好的管道将电磁四通阀的出口端与室外热交换器的入口端相连接，先用手固定，再用扳手把纳子拧紧，见图3.2.10（b）。

③用制作好的管道将室外热交换器的出口端与视液镜相连接，先用手固定，再用扳手把纳子拧紧，见图3.2.10（c）。

④用制作好的管道将视液镜的另一端与过滤器（制冷）、单向阀、毛细管、过滤器（制热）的组件单向阀端相连接，先用手固定，再用扳手把纳子拧紧，见图3.2.10（d）。

⑤将过滤器（制冷）、单向阀、毛细管、过滤器（制热）的组件与截止阀（液阀）相连接，先用手固定，再用扳手把纳子拧紧，见图3.2.10（e）。

⑥用制作好的管道将截止阀（液阀）与室内热交换器入口端相连接，先用手固定，再用扳手把纳子拧紧，见图3.2.10（f）。

⑦用制作好的管道将室内热交换器出口端与另一个截止阀（气阀）相连接，先用手固定再用扳手把纳子拧紧，见图3.2.10（g）。

⑧将截止阀（气阀）与电磁四通阀相连接，先用手固定，再用扳手把纳子拧紧，见图3.2.10（h）。

⑨用制作好的管道将电磁四通阀的出气端与压缩机回气管端相连接，先用手固定，再用扳手把纳子拧紧，见图3.2.10（i）。

⑩用高低压软管将压缩机高压端和低压端连接到空调器的高低压压力表上，能够随时观察制冷系统内的高低压压力，见图3.2.10（j）。

友情提示

1）在组装制冷系统部件时，要注意安装的位置和距离；使用弯管器时，要注意核算铜管的长度，否则极容易浪费铜管；做喇叭形口时，要小心裂口，否则会造成制冷剂泄漏。

2）在用扳手把纳子拧紧时，用力不能太大，否则喇叭形口会破裂。

3）电磁四通阀管道位置不能错位。

【想一想】各制冷系统部件连接不做喇叭口行不行？

了解了整套典型电冰箱和空调器制冷系统的组装方法后，下面我们来做一做，看谁做得又快又好。

【做一做】两人一组，将电冰箱和空调器的制冷系统组装起来，并请教师进行评价。

四、操作评价

根据电冰箱及空调器组装好的情况对照表3.2.1中的要求进行评价。

表 3.2.1 组装制冷系统评价表

序号	项目	测评要求	配分	评分标准	自评	互评	教师评价	平均得分
1	部件的安装与管道的设计	1. 按电冰箱各部件位置安装； 2. 管道设计； 3. 正确操作吹污； 4. 部件连接顺序正确； 5. 安装过程中，没有损坏零部件	50	1. 喇叭口端面平整、圆滑锥度为60°左右，未达要求扣10分； 2. 圆锥面没有破口，未达要求扣10分； 3. ϕ9.5mm 口径为12.5mm，高度为2mm，未达要求扣15分				
2	部件的吹污和管道的安装		50	1. 杯形口端面要平整、圆滑，未达要求扣15分； 2. 圆柱面没有破口，未达要求扣10分				
安全明操作		违反安全文明操作（视其情况进行扣分）						
额定时间		每超过5min扣5分						
开始时间		结束时间		实际时间	成绩			
综合评价意见								
评价教师				日期				
自评学生				互评学生				

五、知识广角镜

1. 热力学知识

（1）制冷技术中常用的名词术语

1）温度和温标。能说明物体冷热程度的物理量就是温度。温标是测量温度的标尺，常用的有热力学温标（用 T 表示，单位为 K）和摄氏温标（用 t 表示，单位为℃）。用温度计可以测量物体温度的高低。温度计有液体温度计、铂电阻温度计、热电偶温度计等。

2）压力。在热力学中，垂直作用在单位面积上的力称为压力或压强，又称气体的绝对压力，用符号 p 表示，单位为帕斯卡，简称帕（Pa）。在制冷制热技术中，常以兆帕（MPa）为单位，它们的换算关系为

$$1\text{MPa} = 10^6\text{Pa}$$

在工程上常用测压仪表测量系统中工质的压力。压力计指示的压力称为工作压力或表压

力。绝对压力（p）、表压力（p_e）和环境大气压力（P_{amb}）之间的关系是

表压力（p_e）为正压时：
$$p = P_{amb} + p_e$$

表压力（p_e）为负压时：
$$p = P_{amb} - p_e$$

在工程上常将大气压力标准化，温度为0℃时大气压力为 $1.013\,25 \times 10^5$ Pa。

在工程上常用表压力，但是在制冷工程的计算中必须用绝对压力。

3）真空度。气体压力低于标准大气压的程度称为真空度。在制冷设备维修中常用U形管真空计和真空压力表来测量真空度。

4）制冷量。制冷机在单位时间内从被冷却物中转移的热量称为制冷量。

（2）物质的三态

物质是具有质量和占有空间的物体。它以固态、液态和气态3种状态中的任何一态存在于自然界中，随着外部条件的不同，三态之间可以相互转化。如果把固体冰加热则变成水，水再加热变成蒸气。相反，将水蒸气冷却可变成水，继续冷却可结成冰。这样的状态变化对制冷技术有着特殊意义，人们可利用制冷剂在蒸发器中汽化吸热，而在冷凝器中又冷凝放热的现象，通过制冷机对制冷剂气体的压缩，以及以后冷凝器中的冷凝和蒸发器中的汽化，实现热量从低温空间向外部高温环境的转移，实现制冷的目的。

（3）热力学第一定律

热力学第一定律是能量守恒和转换定律在具有热现象的能量转换中的应用。热力学第一定律指出：自然界一切物质都具有能量，它能够从一种形式转换为另一种形式，从一个物体传递给另一个物体，在转换和传递过程中总的能量保持不变。在制冷循环中，制冷剂要与外界发生热量交换和功热转换，在交换与转换过程中应遵循热力学第一定律。

人工制冷过程中，消耗外界一定的能量（机械能或热能）作为补偿，就能完成热量从低温物体（被冷却介质）传向高温物体（环境介质）的过程，从而实现制取冷量目的。

（4）热力学第二定律

热力学第二定律说明热能转变为功的条件和方向。在自然界中，热量总是从高温物体转移到低温物体，而不能从低温物体自发传递到高温物体。要想低温物体的热量转移到高温物体中，必须消耗外界功。电冰箱和空调器的制冷就是利用热力学第二定律，消耗一定的外界功（电能），使能量从低温热源转移到高温热源。

2. 制冷原理

（1）制冷系统的组成

制冷的途径分为两种：一种是天然制冷，就是依靠天然冷源，如冬季的冰雪、深水井、地窖等，不过这种方法随着地理条件的限制在现代生活中越来越少；另一种是人工制冷，人工制冷主要是借助制冷装置，消耗一定的外界能量，迫使热量从温度相对较低的被冷却物体转移到

相对较高的周围介质,从而使被冷却物体温度降低到所需的温度并保持这个温度。人工制冷的方法很多,有相变制冷、气体膨胀制冷、热电制冷,在小型制冷设备中常用气体膨胀制冷。这里主要介绍单级蒸气压缩式制冷系统。

单级蒸气压缩式制冷系统由压缩机、冷凝器、节流装置(膨胀阀)和蒸发器4部分组成。它们之间用管道进行连接,形成一个封闭的制冷系统。该系统中制冷剂工质每完成一个循环只经过一次压缩,故称为单级压缩制冷循环。制冷工质在制冷系统内相继经过压缩、冷凝、节流、蒸发4个过程完成制冷循环。

1)压缩机:核心部件,提供动力,提高气体工质的温度和压力。

2)冷凝器:由专用管道组成,主要作用是对外放热,使工质液化。

3)膨胀阀:有机械膨胀阀、电子膨胀阀、毛细管等几种类型,常用的是毛细管,主要作用是节流降压(降低制冷剂的压力,限制流速)。

4)蒸发器:由专用管道组成,主要作用是对内吸热,使工质汽化。

制冷系统工作时各点制冷剂的状态描述见图3.2.11。

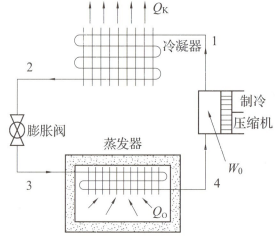

图 3.2.11　单级蒸气压缩式制冷系统

1—高温高压的气体;2—中温高压的液体;3—低温低压的液体;4—低温低压的气体

(2)制冷系统工作原理

制冷设备通电运行以后,压缩机先吸入来自蒸发器的低温低压气体,通过做功把它变成高温高压的气体,传送给冷凝器对外放热;然后把它变成中温高压的液体,传送给膨胀阀进行节流降压;将它变成低温低压的液体后,传送给蒸发器对内吸热以后重新变成低温低压的气体,再传回压缩机,从而完成一次制冷循环。由于系统中制冷剂每完成一次循环,只经过了一次压缩,故这种系统称为单级压缩制冷循环系统。这种系统目前广泛用于家用电冰箱和空调器中。

3. 电冰箱电子温控制冷系统

电冰箱电子温控制冷系统(以THRHZK-1型现代制冷与空调系统技能实训装置为例)主要由压缩机、耐振压力真空表、钢丝式冷凝器、视液镜、干燥过滤器、毛细管、手阀、冷藏室蒸发器、冷冻室蒸发器等部件组成。电子温控制冷系统工作流程见图 3.2.12。

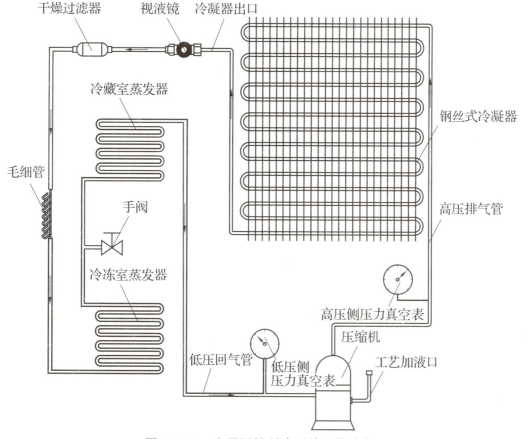

图 3.2.12　电子温控制冷系统工作流程

制冷系统的工作过程：系统用的工质是 R600a。压缩机接通电源，R600a 被压缩成高温、高压蒸气，经高压排气管流向冷凝器；经过冷却后，气态的 R600a 被冷凝成液态；通过视液镜、干燥过滤器，滤除其杂质和水分，进入毛细管进行节流降压；在冷冻室蒸发器中，吸收被冷却物质的热量而沸腾蒸发，再次进入冷藏室蒸发器吸收热量，变成气态制冷剂；由压缩机吸回，进行下一次循环。如此反复循环，达到冷冻和冷藏食物的目的。冷冻室与冷藏室的主要区别在于，管路的长短不一样，能量的损耗也不一样。

4. 电冰箱智能温控制冷系统

电冰箱智能温控制冷系统（以 THRHZK-1 型现代制冷与空调系统技能实训装置为例）主要由压缩机、压力表、钢丝式冷凝器、视液镜、干燥过滤器、二位三通电磁阀、毛细管（两根）、手阀、冷藏室蒸发器、冷冻室蒸发器等部件组成。电冰箱智能温控制冷系统工作流程见图 3.2.13。其控制方式有冷冻室、冷藏室同时开启（电磁阀处于断电状态）和只开冷冻室、关闭冷藏室（电磁阀处于得电状态）两种。

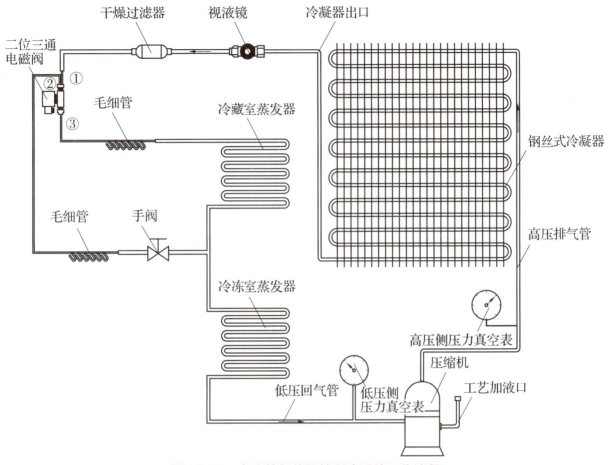

图 3.2.13　电冰箱智能温控制冷系统工作流程

制冷系统工作过程如下。

（1）冷冻室、冷藏室同时开启

当二位三通电磁阀处于断电状态时，冷冻室、冷藏室同时开启。气态的 R600a 被冷凝成液态，通过视液镜、干燥过滤器，二位三通电磁阀的①端流经③端，经毛细管节流降压后进入冷藏式蒸发器，再进入冷冻室蒸发器（注意此时的手阀处于关闭状态）。液态 R600a 在冷藏室、冷冻室吸收热量，变成气态制冷剂，由压缩机吸回，再进行下一次循环。如此反复循环，达到冷冻和冷藏食物的目的。

（2）只开冷冻室、关闭冷藏室

当二位三通电磁阀处于得电状态时，冷冻室开启、冷藏室被关闭。气态的 R600a 被冷凝成液态，通过视液镜、干燥过滤器，二位三通电磁阀的①端流经②端，经毛细管节流降压后进入冷冻室蒸发器（注意此时的手阀处于开启状态），液态 R600a 在冷冻室吸收热量，变成气态制冷剂，由压缩机吸回，再进行下一次循环。如此反复循环，达到冷冻食物的目的。

5. 热泵型分体式空调制冷、制热系统

热泵型分体式空调系统主要由压缩机、压力表、电磁四通阀、室外换热器、视液镜、过滤器、毛细管节流组件、空调阀、室内换热器、气液分离器等部件组成。热泵型分体式空调制冷、制热系统工作流程见图 3.2.14。

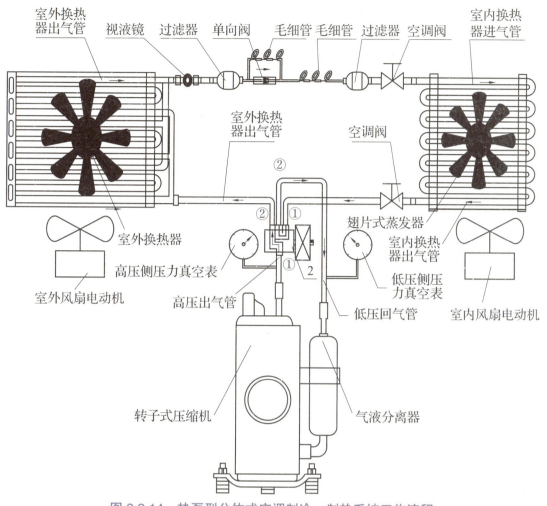

图 3.2.14 热泵型分体式空调制冷、制热系统工作流程

制冷系统工作过程如下。

（1）空调器在制冷工况

空调器在制冷工况时，低温、低压气态的 R22 制冷剂，经气液分离器进入压缩机，通过压缩机的压缩变为高温、高压的制冷剂气体，经高压排气管，进入电磁四通阀（电磁四通阀没有得电）的①端流经②端出，经过室外换热器进气管，流入室外换热器，经风机强制冷却，制冷剂变成高压、常温的液体从室外换热器的出口流出，通过视液镜、过滤器、毛细管节流组件，制冷剂变成低压、常温的液体流入室内换热器，吸收房间内的热量后，制冷剂立刻变成低压、低温的气体从室内换热器流出，经空调阀，进入电磁四通阀的④端流经③端出，回到气液分离器，进行下一次循环。如此反复循环，达到室内制冷的目的。

（2）空调器在制热工况

空调器在制热工况时，低温、低压气态的 R22 制冷剂，经气液分离器进入压缩机，通过压缩机的压缩变为高温、高压的制冷剂气体，经高压排气管，进入电磁四通阀（电磁四通阀得电）的①端流经④端出，经空调阀进入室内换热器，经风机强制冷却，热量带入房间，制冷剂变成高压、常温的液体从室内换热器的出口流出，经空调阀、过滤器、毛细管节流组件（这时的单向阀反向不导通）、视液镜，制冷剂变成低压、常温的液体流入室外换热器，吸收室外的热量后，制冷剂立刻变成低压、低温的气体从室外换热器流出，进入电磁四通阀的②端流经①端出，回到压缩机，进行下一次循环。如此反复循环，达到室内制热的目的。

热泵型制冷与制热需要的部件是相同的，它通过电磁四通阀改变制冷剂在制冷系统中的流向来实现制冷与制热的交换。

六、检测和评价

1. 判断题（每题10分，共50分）

（1）电磁四通阀管道没有位置的区分。　　　　　　　　　　　　　　　　　（　　）

（2）换热器没有室内和室外的区分。　　　　　　　　　　　　　　　　　　（　　）

（3）制冷剂在经过毛细管后会节流降压。　　　　　　　　　　　　　　　　（　　）

（4）在压缩机中的制冷剂已经是液体。　　　　　　　　　　　　　　　　　（　　）

（5）在冷凝器中的制冷剂已经是气体。　　　　　　　　　　　　　　　　　（　　）

2. 填空题（每题10分，共50分）

（1）制冷系统部件的吹污就是将部件中的＿＿＿＿＿用＿＿＿＿＿将它们清除干净。

（2）在安装制冷系统部件时需要用＿＿＿＿＿，不能用一字螺钉旋具代替。

（3）在用扳手把纳子拧紧时，用力＿＿＿＿＿否则喇叭形口会破裂。

（4）在工程上常用测压仪表测量系统中工质的压力，压力计指示的压力称为＿＿＿＿＿压力。

（5）热力学第二定律告诉我们，消耗一定的外界功（电能），能够使能量从＿＿＿＿＿热源（蒸发器周围的物质）转移到＿＿＿＿＿热源（冷凝器冷却周围）。

项目四
双温冷柜的安装调试与检修

随着我国经济的快速发展，人们需求食品的种类越来越多，低温储藏设备的需求日益增加，对相关维修维护人员的需求量也大幅度增加。人们越来越希望掌握更多关于冷藏设备的知识。

冷柜设备主要用于在冷藏冷冻室储存、发送需冷却储存的物品。本项目以星科双温冷柜工作台为例，介绍冷柜的结构、工作原理、安装、运行和维修的相关知识和技能。

学习目标

1. 掌握安全操作规范。
2. 认识冷柜系统结构和工作原理。
3. 掌握冷柜安装与调试的方法。
4. 能够进行冷柜常见故障的维修。
5. 用联系的观点分析制冷空调装置故障产生的原因，透过现象看本质，培养学生系统性思维能力。
6. 贯彻安全第一的理念，要求学生严格遵守操作规程，培养学生安全意识、责任意识。
7. 理解故障形成也是一个从量变到质变的过程，认识到防微杜渐的重要性，培养学生的工匠精神。

安全规范

1. 铜管制作过程中的安全规范操作。
2. 氮气使用过程中的安全规范操作。
3. 加制冷剂过程中的安全规范操作。
4. 系统带电运行过程中的安全规范操作。

任务一 认识双温冷柜制冷系统和主要零部件

一、任务描述

本任务介绍冷柜制冷系统的结构,包括冷柜压缩机组、冷柜用冷凝器、冷柜用蒸发器、热力膨胀阀等,使学生能全面认识冷柜制冷系统的工作原理。完成本任务预计用时 45min,其工作流程见图 4.1.1。

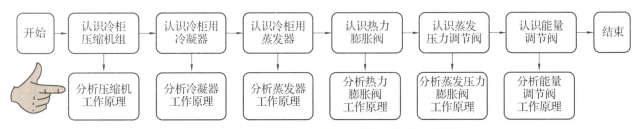

图 4.1.1 认识双温冷柜制冷系统和主要零部件

二、任务目标

1)认识冷柜压缩机组。
2)认识冷柜用冷凝器。
3)认识冷柜用蒸发器。
4)认识热力膨胀阀。
5)认识蒸发压力调节阀。
6)认识能量调节阀。

三、作业进程

冷柜是通过人工制冷的方法,使库内保持一定低温的设备。要使冷柜长期处于低温状态,必须保证制冷系统持续供冷。冷柜制冷系统主要由高压压缩机、低压压缩机、冷凝器、蒸发器、热力膨胀阀、蒸发压力调节阀、能量调节阀等主要部件组成,见图 4.1.2。

图 4.1.2 冷柜制冷系统

1. 认识冷柜压缩机组

冷柜中压缩机数量较多,当需要时可以适当启动相应数量的压缩机以保证制冷效果。冷柜中用的压缩机比电冰箱和空调器用的压缩机大得多,但其结构和工作原理大致相同,见图 4.1.3。星科双温冷柜采用的是泰康压缩机组,利用压缩机缸内部件的运动来实现制冷压缩机吸气、压缩、膨胀、排气等过程。

压缩机是制冷系统的核心,它的主要作用是吸入蒸发器中的制冷剂蒸气,并将其压缩到压力达到冷凝压力后排至冷凝器,利用压缩机组循环运动的功能,使制冷剂发生相变吸收热量,降低冷柜内环境温度。市场上常见的压缩机是活塞式压缩制冷机,其利用活塞在气缸内的运动来实现制冷压缩机吸气、压缩、膨胀、排气等过程。其特点是制冷量大、工艺成熟、工作压力范围大、工况适应范围广,在中小型冷库中占主导地位。

2. 认识冷柜冷凝器

冷柜冷凝器见图 4.1.4。冷凝器是一种换热器,又称散热器、凝结器。其作用是使制冷剂降温。其原理是使压缩机排出的高压过热蒸气经过冷凝器后,将热量传递给周围介质如水或空气(或其他周围低温介质),自身因受冷却凝结为液体。

图 4.1.3　压缩机组

图 4.1.4　冷柜冷凝器

3. 认识冷柜蒸发器

冷柜蒸发器见图 4.1.5。

双温冷柜中制冷空间分为冷藏室和冷冻室,冷藏室蒸发器制冷为直冷方式,冷冻室蒸发器制冷为风冷方式。冷冻室利用风机能达到迅速制冷的效果:制冷剂在排管内流动,通过管壁冷却管外空气,依靠风机加速空气流动,空气流经箱体内的蒸发器排管进行热交换,使柜内空气迅速冷却,从而达到降低库温的目的。

(a)　　　　　　　　(b)

图 4.1.5　冷柜蒸发器

(a)冷冻室蒸发器;(b)冷藏室蒸发器

4. 认识热力膨胀阀

冷柜热力膨胀阀见图 4.1.6。热力膨胀阀是一种依靠蒸发器出口制冷剂蒸气的过热度来改变通道截面的自动控制阀门。热力膨胀阀装在蒸发器的进口，感温包设在蒸发器出口管上。感温包中充有感温工质（制冷剂或其他气体、液体）。当蒸发器的供液量偏少时，蒸发器出口蒸气的过热度增大，感温工质的温度和压力升高，通过顶杆将阀芯向下压，阀门开度变大，供液量增多；反之，当供液量偏大时，蒸发器出口蒸气过热度变小，阀门通道便自动变小，供液量随之减少。旋开螺母，用十字螺钉旋具调节阀门右下方的旋钮，可以调整热力膨胀阀的开度，影响蒸气的过热度。

图 4.1.6 冷柜热力膨胀阀

5. 认识蒸发压力调节阀

蒸发压力调节阀见图 4.1.7，用于调节冷藏库和冷冻库的蒸发压力（蒸发温度）差值，确保冷藏和冷冻两个系统在不同工作参数下的相对独立运行。顺时针旋进蒸发压力调节阀的开度会使压力变小，压差增大。

6. 认识能量调节阀

能量调节阀见图 4.1.8。在系统管路中利用能量调节阀的旁通作用实现压缩机的能量调节。当制冷装置热负荷减少，压缩机吸气压力下降至设定值时，旁通能量调节阀开启，吸气压力越低，阀的开启度越大。压缩机排出的部分热气体自动回流到低压侧吸气管，用于补偿因负荷减少的蒸发器回气量，以保持压缩机连续运转。顺时针旋转能量调节阀，导通压差减小。

图 4.1.7 蒸发压力调节阀

图 4.1.8 能量调节阀

四、操作评价

在学习完本任务后，你掌握了哪些知识与技能？请按照表 4.1.1 进行评价。

表 4.1.1　认识双温冷柜制冷系统评价表

项目	测评要求	配分	评价标准	自评	互评	教师评价	平均得分
双温冷柜制冷系统	1. 正确识别冷库制冷压缩机 2. 正确识别冷库冷凝器 3. 正确识别冷库蒸发器 4. 正确识别冷库膨胀阀	100	1. 不能正确识别冷库制冷压缩机，扣25分； 2. 不能正确识别冷库冷凝器，扣25分； 3. 不能正确识别冷库蒸发器，扣25分； 4. 不能正确识别冷库膨胀阀，扣25分				
安全文明操作	违反安全文明操作，视其情况进行扣分						
额定时间	每超过5min扣5分						
开始时间		结束时间		实际时间		成绩	
综合评价意见							
评价教师				日期			
自评学生				互评学生			

五、知识广角镜

1. 我国冷库的发展

根据历史文献记载，中国第一座专业冷藏库建成于清朝宣统三年（1911年），建在今湖北省武汉市，当时由英国商人经营的和记蛋厂内，使用的制冷剂为氨，储存鸡蛋、鱼、肉类等产品。由此可见，中国冷藏库建造已有一百多年的历史了。

2. 食品的低温储藏工艺

低温储藏食品的方法主要有两种：一种是冷冻处理后储存；另一种是冷藏储存。冷冻储存的温度应低于食品的冻结点，一般为 –30℃ ~ –15℃。冷藏储存的温度为 0℃ ~ 10℃。

牲畜屠宰后不经过冷却直接进行冷冻的过程称为冷冻过程。把冻结后的食品置于储藏间储存称为冷冻储藏。冷冻储藏的空气温度由冻结后肉类的最终温度来决定，需要长期储存的肉类，冷藏温度一般不高于 –18℃，空气相对湿度保持在 95%~98%。

为了能够较长时间保存水果、蔬菜等植物性食品，一般将果蔬放在冷库的高温冷藏间进行储存。储藏时，应对果蔬进行挑选和分类包装，并将不同种类的食品控制在不同的储藏温度下。为了保持水分，防止干耗造成的营养散失，还要调节并控制冷藏库的相对湿度，一般要求为 85%~90%。

冷库是制冷机房与冷却空间的总称。它为食品储藏创造必要的温度和湿度条件。根据储藏的食品种类和温度条件的不同，冷库可分为高温库和低温库。

对于需要长期储存的新鲜肉类，在进行冻结时，需预先进入冻结间进行速冻，冻结的温度在 –23℃ 以下。部分小型冷库设置有冻结间，冻结间的冷却设备除顶排管、墙排管以外，还要配备冷风机。

3. 食品的低温防腐原理

食品的主要化学成分可分为有机物和无机物两类，属于有机物的有蛋白质、糖类、脂肪、维生素、酶等；属于无机物的有水和矿物质等。

蛋白质是一种复杂的高分子含氮物质，它由多种氨基酸组合而成，各种蛋白质由于所含氨基酸的种类、数量不同，其营养价值也有所不同。蛋白质在动物性食品中含量较多，在植物性食品中含量较少。常温环境下，蛋白质会在微生物的作用下发生分解，产生氨、硫化氢等各种气味难闻和有毒的物质，这种现象称为腐败。

酶是一种特殊的蛋白质，是生物细胞所产生的一种有机催化剂。酶在食品中的含量很少，但它能加速各种生物化学反应，而本身不发生变化。酶的作用强弱与温度有关，一般30℃~50℃时酶的活性最强，而低于0℃或高于70℃~100℃时，酶的活性变弱或终止。

水分存在于一切食品中，但各种食品中水分的含量是不同的，食品中所含的水分应控制在适宜的范围内。如果水分蒸发过多，食品就会失去新鲜的外观，并降低质量，造成风干。但如果食品中含水量过多，则不容易储存和保管。

六、检测和评价

1. 判断题（每题10分，共50分）

（1）冷库制冷系统主要采用氨或氟作为制冷剂。　　　　　　　　　　　　　　　　（　　）

（2）冷凝器作用是使制冷剂降低温度。　　　　　　　　　　　　　　　　　　　　（　　）

（3）冷库可分为超低温库和低温库。　　　　　　　　　　　　　　　　　　　　　（　　）

（4）热力膨胀阀依靠蒸发器出口制冷剂蒸气的过热度来改变通道截面的自动控制阀门。（　　）

（5）食品的主要化学成分可分为有机物和无机物两类。　　　　　　　　　　　　　（　　）

2. 填空题（每题10分，共40分）

（1）低温储藏食品的方法主要有两种，一种是_____，另一种是_____。

（2）冷库是_____与_____的总称。

（3）中国第一座专业冷藏库建成于_____年。

（4）蛋白质是一种复杂的_____，它由多种氨基酸组合而成。

任务二　安装系统管道

一、任务描述

本任务介绍系统管道的安装步骤。其工作流程如下所示：

开始→定位关键部件→确定铜管直径→制作管道→安装管道→系统吹污→系统检漏并测试压力→抽真空→加制冷剂→电气控制系统安装→结束。

二、任务目标

1）能够根据图样定位关键部件。
2）能够根据位置计算尺寸、制作管道并吹污。

三、作业流程

1. 根据图样定位关键部件

根据图 4.2.1 定位关键部件。

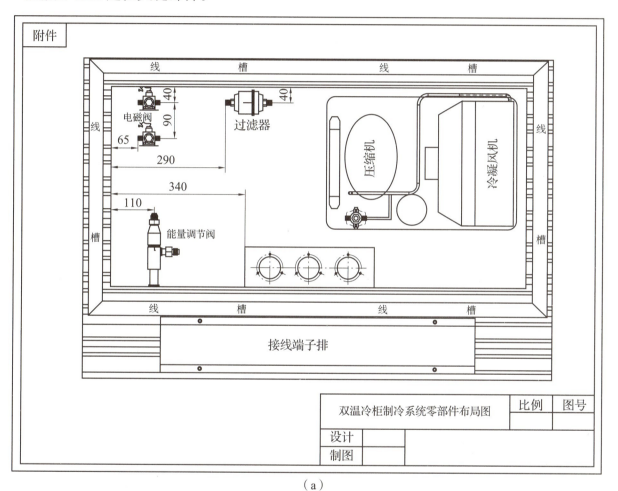

图 4.2.1 定位关键部件

（a）双温冷柜制冷系统零部件布局图；（b）塑料定位胀塞位置

2. 根据制冷系统安装图确定铜管管径

根据图 4.2.2 所示制冷系统安装图确定铜管管径。

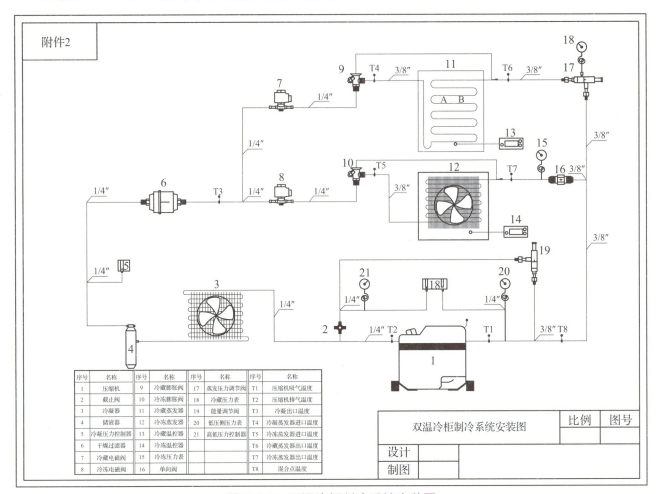

图 4.2.2　双温冷柜制冷系统安装图

注：图中共有 1/4″ 和 3/8″ 两种管径的铜管，在制作管道时注意铜管的管径。

3. 根据位置计算尺寸、制作管道并吹污

管件制作时应注意规范操作。管件制作及吹污见图 4.2.3。

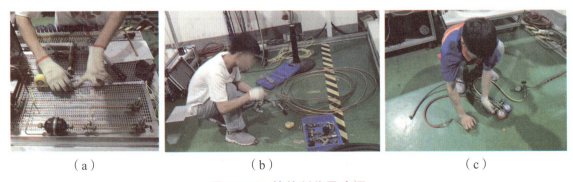

（a）　　　　　　　　　　　（b）　　　　　　　　　　　（c）

图 4.2.3　管件制作及吹污

（a）计算尺寸；（b）管件制作；（c）管件吹污

管件吹污时，需要在维修阀的管头和铜管间加装双外丝转接头。铜管有两种规格，转接头需要与之匹配。吹污压力为 0.4~0.5MPa，可由维修阀调节。

4. 安装管道并拧紧纳子

（1）连接3个压力表的管道

制作好的3根连接压力表的管道见图 4.2.4。连接其余 1/4″ 管径铜管见图 4.2.5。连接所有 3/8″ 管径的管道见图 4.2.6。

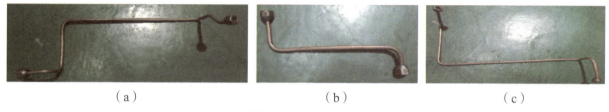

图 4.2.4　制作好的 3 根连接压力表的管道
（a）接低压表；（b）接高压表；（c）接冷凝表

图 4.2.5　连接其余 1/4″ 管径铜管

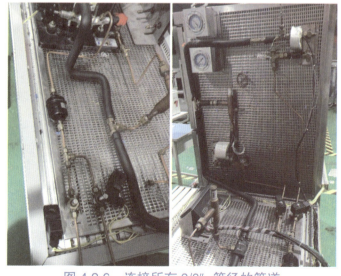

图 4.2.6　连接所有 3/8″ 管径的管道

注意，所有穿好保温管的都是 3/8″ 管径的管道，未包保温管的都是 1/4″ 管径的铜管。

（2）拧紧纳子

拧紧纳子见图 4.2.7。

5. 系统吹污

分别对高压段系统、压缩机高压出口段、冷冻室段及冷藏室段进行吹污操作。吹污氮气压力为 0.4~0.6MPa，电磁阀和手阀必须开启。

6. 系统检漏并测试压力

检测及测试压力见图 4.2.8。具体操作步骤如下。

1）在进行压力测试前必须确保制冷系统中所有阀件处于开启状态。

2）向系统中充注入氮气。压力测试开始时，氮气压力控制在 0.3~0.4MPa，如无明显泄漏，可继续加压至试压压力值 1.0MPa。自检不漏后，断开氮气管与制冷系统的连接。

3）保压 10min 后，如果压力示数无变化，保压结束。

4）如果发现有泄漏现象，应自行查明原因并进行处理后，重新进行压力测试操作，直到不漏为止。

图 4.2.7　拧紧纳子

图 4.2.8　检漏及测试压力

7. 抽真空

抽真空见图 4.2.9。具体操作步骤如下。

1）将真空计及球阀安装在冷冻室蒸发器出口处，正确连接真空泵、双表修理阀，对制冷系统进行抽真空操作。

2）抽真空（正常约 30min）完成后，断开真空泵与双表修理阀的连接软管，进入真空保压。

3）真空保压 10min 后，真空保压结束，真空计显示压力值不高于 2 500mic，方可进行制冷剂充注；压力值高于 2 500mic，不允许进行制冷剂充注，应查明原因，重新进行抽真空操作，直到符合要求为止。

图 4.2.9　抽真空

8. 加制冷剂

充注制冷剂见图 4.2.10。具体操作步骤如下。

1）充注制冷剂前，关闭球阀，正确拆除真空计。在制冷系统正压条件下，拆除球阀。

2）使用定量充注法，向双温冷柜制冷系统定量充注制冷剂，参考值为 650g，视系统实际需要可适量增减。

3）在操作过程中，按要求佩戴护目镜，使用防冻手套；制冷剂罐体倒置，按要求排空，确保加注的制冷剂无空气混入；不得向外大量排放制冷剂。

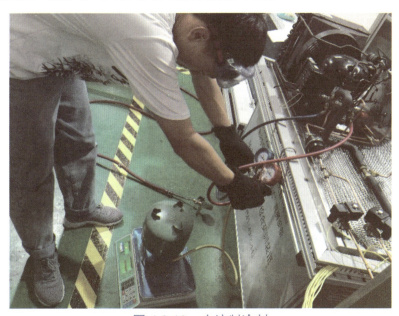

图 4.2.10　充注制冷剂

9. 电气控制系统安装

（1）根据端子分配表分配好号码管

双温冷柜电气系统接线端子排分配表见表 4.2.1。

表 4.2.1　双温冷柜电气系统接线端子排分配表

端子排号	设备或器件	端子排号	设备或器件
4	接地线	19	冷冻室风机 L
5	压缩机 L	20	冷冻室风机 N
6	压缩机 N	21	冷冻室照明灯 L
7	冷凝器风机 N	22	冷冻室照明灯 N
8	冷凝器风机 L	23	冷藏室照明灯 L
9	冷冻室电磁阀线圈	24	冷藏室照明灯 N
10	冷冻室电磁阀线圈	25	冷冻室门开关
11	冷藏室电磁阀线圈	26	冷冻室门开关
12	冷藏室电磁阀线圈	27	冷藏室门开关
13	冷凝压力控制器	28	冷藏室门开关
14	冷凝压力控制器	29	冷藏室传感器
15	高低压压力控制器 A	30	冷藏室传感器
16	高低压压力控制器 B	31	冷冻室传感器
17	高低压压力控制器 C	32	冷冻室传感器
18	高低压压力控制器 D	33	

（2）根据号码管匹配的设备或器件连接端子排

端子排见图 4.2.11。设备或器件与端子排的连接见图 4.2.12。

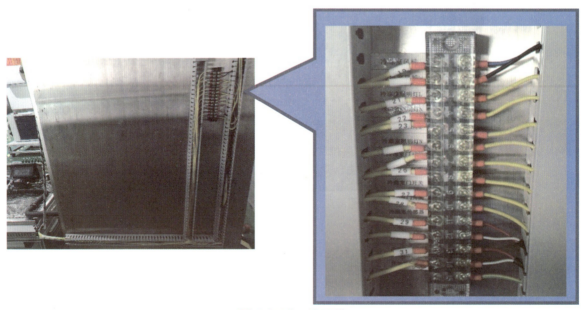

图 4.2.11　端子排

图 4.2.12 设备或器件与端子排的连接

在接线前需要确认电气部件的好坏，双温冷柜电气元件参考值见表 4.2.2。

表 4.2.2 双温冷柜电气元件参考值

名称	阻值	备注	
压缩机	4.7Ω	外接线两个端头阻值	
冷凝风机	约 54Ω		
电磁阀	1 163Ω		
冷冻风机	约 350Ω		
冷藏传感器	4.7kΩ	约 37℃	体温握 2min
冷冻传感器	4.7kΩ	约 37℃	体温握 2min
高低压压力控制器	AC 通，BD 不通	通电后可交换线确认 A 点 C 点	
冷凝压力控制器	无穷大	未达到接通值时	
门控开关	无穷大或 0	用电阻挡或蜂鸣挡均可	

（3）根据端子分配表进行插接线的连接

插接线的连接见图 4.2.13。

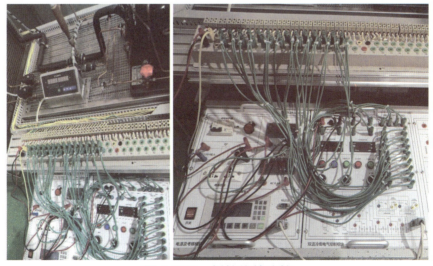

图 4.2.13 插接线的连接

四、操作评价

在学习完成本任务后,你掌握了哪些知识与技能?请根据表4.2.3进行评价。

表 4.2.3　安装系统管道评价表

序号	项目	测评要求	配分	评分标准	自评	互评	教师评价	平均得分
1	管件的制作及吹污	操作规范	15	1. 计算尺寸不正确,扣5分; 2. 管件制作不合格,扣5分; 3. 管件吹污操作错误,扣5分				
2	3根管道制作	制作规范	15	1. 制作接低压表管道不合格,扣5分; 2. 制作接高压表管道不合格,扣5分; 3. 制作接冷凝表管道不合格,扣5分				
3	3根管道连接到设备上	操作规范	10	未能将3根管道连接到相应的设备上,并拧紧纳子,扣10分				
4	1/4″、3/8″管径的管道连接	操作规范	10	未能将1/4″和3/8″管径的管道连接起来,扣10分				
5	系统吹污	操作规范	10	未能对高压段系统、压缩机高压出口段、冷冻室段、冷藏室段进行吹污操作,扣10分				
6	系统检漏及测试压力	操作规范	10	不能正确且规范操作步骤,扣10分				
7	抽真空	操作规范	10	不能正确且规范操作步骤,扣10分				
8	加制冷剂	操作规范	10	不能正确且规范操作步骤,扣10分				
9	端子排插接线的连接	插接线连接正确规范	10	不能对4~32号插接线对应线排连接,扣10分				
安全文明操作		违反安全文明操作规程(视实际情况进行扣分)						
额定时间		每超过5min扣5分						
开始时间		结束时间		实际时间		成绩		
综合评价意见								
评价教师				日期				
自评学生				互评学生				

项目四 双温冷柜的安装调试与检修 155

任务三　运行并调试系统

一、任务描述

本任务介绍运行并调试系统的操作。其工作流程如下：

开始→设定冷藏（动）室温控器参数→高低压设置→冷凝压力设置→压缩机通电运行→调节能量调节阀→调节热力膨胀阀→蒸发压力调节阀→结束。

二、任务目标

1）能够设定温度控制器参数。

2）能够调节热力膨胀阀和蒸发压力调节阀至合适范围。

三、作业流程

1. 设定温度控制器参数、高低压和冷凝压力

打开电源，设定温度控制器参数、高低压和冷凝压力，见图 4.3.1。

(a)

(b)

(c)

图 4.3.1　设定温度控制器参数、高低压和冷凝压力

（a）温度控制器参数设置；（b）高低压设置；（c）冷凝压力控制

按要求设置参数，具体如下。

（1）温度控制器参数设置

冷冻室温度控制器设定值为 −10℃，冷藏室温度控制器设定值为 5℃。

(2) 压力控制器参数设置

高低压压力控制器高压侧保护设置为 14bar（表压力）。低压侧保护设置：低压压力接通值设置为 1bar（表压力），回差设置为 0.7bar。冷凝器压力控制器接通值设置为 7.5bar（表压力），回差设置为 1.5bar。

2. 压缩机通电运行

冷柜操作按钮见图 4.3.2。旋转"电源"按钮，使压缩机通电运行。

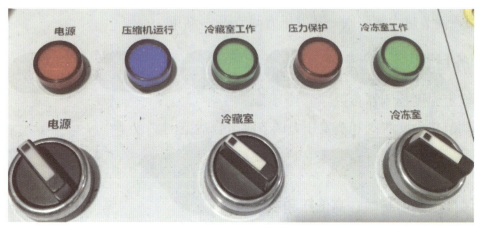

图 4.3.2　冷柜操作按钮

3. 调节能量调节阀

调节能量调节阀（见图 4.3.3），使排气和回气管道直接导通，并与压缩机形成一个小循环，调节量以低压表压力略大于低压保护阈值为宜。

图 4.3.3　调节能量调节阀

4. 调节热力膨胀阀和蒸发压力调节阀

调节热力膨胀阀和蒸发压力调节阀见图 4.3.4。具体操作：打开冷藏、冷冻电磁阀开关，运行稳定后调节热力膨胀阀和蒸发压力调节阀，令冷冻室的蒸发温度与库体温度的差值为 5℃~10℃、冷藏室的蒸发温度与库体温度的差值为 5℃~15℃。

图 4.3.4　调节热力膨胀阀和蒸发压力调节阀

四、操作评价

在完成本任务的学习后，你掌握了哪些知识与技能？请根据表 4.3.1 进行评价。

表 4.3.1　调试并运行系统评价表

序号	项目	测评要求	配分	评分标准	自评	互评	教师评价	平均得分
1	设定温度控制器参数	操作规范	25	1. 温度控制器参数设置不正确，扣 10 分； 2. 高低压控制、冷凝器压力控制设置错误，扣 15 分				
2	压缩机运行操作	操作规范	25	不能正确启动压缩机，扣 25 分				
3	调节能量调节阀	操作规范	25	未能按要求调节能量调节阀，扣 25 分				
4	调节热力膨胀阀和蒸发压力调节阀	操作规范	25	1. 热力膨胀阀调节有误，扣 15 分； 2. 蒸发压力调节阀调节有误，扣 15 分				

续表

序号	项目	测评要求	配分	评分标准	自评	互评	教师评价	平均得分
	安全文明操作			违反安全文明操作规程（视实际情况进行扣分）				
	额定时间			每超过 5min 扣 5 分				
开始时间		结束时间		实际时间		成绩		
综合评价意见								
评价教师				日期				
自评学生				互评学生				

五、知识广角镜

1. 冷柜故障码

冷柜设置有 14 个模拟故障，具体内容见表 4.3.2。

表 4.3.2　冷柜故障码与故障内容对应表

故障码	故障内容	故障现象	测试点	正常数值
201	AC 220V 电源故障	不开机，电源指示灯不亮	1—N 电压值	AC 220V
202	压缩机电路故障	压缩机不运转	2—N 电压值	AC 220V
203	冷凝器压力控制器故障	冷凝器风机不运转	3—N 电压值	AC 220V
204	冷凝器风机电路故障	冷凝器风机不运转	4—L 电压值	AC 220V
205	冷冻室风机电路故障	冷冻室风机不运转	5—N 电压值	AC 220V
206	高低压压力控制器开路故障	压缩机、冷凝器风机均不工作	6—N 电压值	AC 220V
207	交流接触器 KM_1 故障	KM_1 未吸合，压缩机、冷凝器风机均不工作	7—N 电压值	AC 220V
208	冷藏室电磁阀电路故障	冷藏室电磁阀未吸合	8—N 电压值	AC 220V
209	冷冻室电磁阀电路故障	冷冻室电磁阀未吸合	9—N 电压值	AC 220V
210	冷藏室温度控制器控制输出故障	冷藏室工作指示灯不亮，冷藏电磁阀不吸合	10—1 电压值	AC 220V
211	冷藏室温度传感器开路故障	冷藏室温度控制器报警 E1	11—11′ 电压值	DC 3V

续表

故障码	故障内容	故障现象	测试点	正常数值
212	冷冻室温度控制器控制输出故障	冷冻室工作指示灯不亮，冷冻电磁阀不吸合，冷冻室风机不转	12—1 电压值	AC 220V
213	冷冻室温度传感器开路故障	冷冻室温度控制器报警 E_1	13—13′ 电压值	DC 3V
214	冷藏室照明电路故障	冷藏室指示灯不亮	14—N 电压值	AC 220V

2. 故障模拟方式

冷柜控制模块通过故障模拟系统使用继电器模拟冷柜电路开路故障，使用 201~214 代码表示电路 14 个故障，"2"表示冷柜系统，后两位表示测量点的序号。

3. 故障检修

根据故障现象对测量点电压进行检测，参考故障码表，分析判断故障点。以下是对 14 个故障的检测和判断。

201 模拟熔断器开路，测量点 1—N 交流电源为 0，冷柜不通电。

202 模拟压缩机控制电路接触器 KM_1 相线开路，测量点 2—N 交流电压为 0，总电源开关闭合，压缩机不转。

203 模拟冷凝器风机控制电路冷凝压力控制器开路，测量点 3—N 交流电压为 0，电源接通压缩机运行后，冷凝器风机不转。

204 模拟冷凝器风机控制电路 N 线开路，测量点 4—L 交流电压为 220V，电源接通压缩机运行后，冷凝器风机不转。

205 模拟冷冻室风机电路接触器 KA_2 相线端开路，测量点 5—N 交流电压为 0，冷冻室风机不转，但冷冻指示灯亮。

206 模拟高低压压力控制器开路，测量点 6—N 交流电压为 0，总电源开关闭合，压缩机、冷凝器风机不转，电源指示灯亮，压缩机指示灯不亮，压力保护指示灯不亮。

207 模拟接触器 KM_1 线圈开路，测量点 7—N 交流电压为 0，压缩机、冷凝器风机不转，电源指示灯亮，压缩机指示灯不亮，压力保护指示灯不亮。

208 模拟冷藏室电磁阀线圈电路开路，测量点 8—N 交流电压为 0，冷藏室电磁阀不动作，但冷藏室工作指示灯亮。

209 模拟冷冻室电磁阀线圈电路开路，测量点 9—N 交流电压为 0，冷冻室电磁阀不动作，但冷冻室工作指示灯亮。

210 模拟冷藏室温度控制器内部开关开路，测量点 10—1 交流电压为 220V，冷藏室电磁阀不动作，冷藏指示灯不亮。

211 模拟冷藏室温度传感器在温度控制器内开路，测量点 11—11′ 直流电压为 0，显示屏显示"E1"。

212 模拟冷冻室温度控制器内部开关开路，测量点 12—1 交流电压为 220V，冷冻室电磁阀不动作，冷冻指示灯不亮，冷冻室风机不转。

213 模拟冷藏室温度传感器在温度控制器内开路，测量点 13—13′ 直流电压为 0，显示屏显示"E1"。

214 模拟冷藏室照明电路门控开关开路，测量点 14—N 交流电压为 0，冷藏室开门灯不亮，但冷冻室开门灯亮。

参考文献

［1］张彪. 电冰箱与空调器维修［M］. 北京：电子工业出版社，2016.
［2］韩雪涛. 电冰箱维修从入门到精通［M］. 北京：化学工业出版社，2021.
［3］王国玉，王晨炳. 电冰箱、空调器原理与维修：项目教程［M］. 北京：电子工业出版社，2012.
［4］缪立峰. 电冰箱和空调器的组装与调试［M］. 北京：中国人民大学出版社，2013.
［5］金国砥. 电冰箱、空调器原理与实训［M］. 2版. 北京：人民邮电出版社，2014.
［6］沈柏民. 电冰箱空调器原理与维修［M］. 北京：高等教育出版社，2016.
［7］孙寒冰. 电冰箱空调器原理与维修［M］. 北京：高等教育出版社，2016.
［8］何丽梅. 家用电冰箱与空调器原理及维修［M］. 北京：机械工业出版社，2016.